新编高等院校计算机科学与技术应用型规划教材

单片机系统及应用实验教程

金建设　于晓海　编　著

北京邮电大学出版社
·北京·

内 容 简 介

本书是与金建设主编、北京邮电大学出版社出版的《单片机系统及应用》配套的实验教材。书中的内容包括20个实验,它们涵盖了MCS-51单片机的内部资源和接口的原理及应用技术。

本书试图将培养能力贯穿于每个实验单元,既注重单片机技术的应用又采取措施促进学习者对单片机原理的理解,并按照由浅入深和软硬结合的原则安排实验。

本书可作为应用型本科计算机、电子工程、自动化、机电类专业的教材,也可作为工程技术人员通过边实践边学习的方式学习单片机技术的参考书。

图书在版编目(CIP)数据

单片机系统及应用实验教程/金建设,于晓海编著.--北京:北京邮电大学出版社,2010.3(2017.6重印)
ISBN 978-7-5635-2295-8

Ⅰ.①单… Ⅱ.①金…②于… Ⅲ.①单片微型计算机—高等学校—教材 Ⅳ.①TP368.1

中国版本图书馆CIP数据核字(2010)第040949号

书　　　名：	单片机系统及应用实验教程
编 著 者：	金建设　于晓海
责任编辑：	王丹丹
出版发行：	北京邮电大学出版社
社　　　址：	北京市海淀区西土城路10号(邮编:100876)
发 行 部：	电话:010-62282185　传真:010-62283578
E-mail：	publish@bupt.edu.cn
经　　　销：	各地新华书店
印　　　刷：	涿州市星河印刷有限公司
开　　　本：	787 mm×1 092 mm　1/16
印　　　张：	15
字　　　数：	370千字
版　　　次：	2010年3月第1版　2017年6月第5次印刷

ISBN 978-7-5635-2295-8　　　　　　　　　　　　　　　定　价：26.00元
· 如有印装质量问题,请与北京邮电大学出版社发行部联系 ·

前　言

随着产品、设备、系统的智能化发展，单片机得到了广泛的应用。掌握单片机原理与应用技术不仅有实际应用意义，而且对理解和掌握计算机其他应用技术也有重要的作用。鉴于这个原因，很多高校的计算机和电子信息类专业都开设了单片机方面的课程。单片机的原理与应用是实践性很强的技术，只有通过大量的实验与实践才能掌握这门技术。

编者根据多年从事单片机和嵌入式系统的教学和工程实践经验，按照应用型人才培养的需要，编写了本书。本书主要具有下列特点：

（1）培养能力的理念渗透到每个实验单元。本书共有20个实验单元，每个实验单元都安排3个实验题目。第1个实验题目给出题目和参考程序，第2个实验题目给出程序框图和电路图，第3个题目只给出题目要求学生自己设计程序和电路，这种安排使学生在每个实验单元都得到提高能力的训练。而且本书所选择的实验大多硬件电路比较简单，使用面包板就可以搭接实验电路，为学生动手能力充分的训练创造了有利条件。

（2）通过仿真理解单片机的内部结构和原理。单片机原理难于理解，关键在于单片机的内部资源看不见摸不着，而Keil μVision2集成开发环境的仿真功能为观察MCS-51单片机内部资源在程序运行时的行为提供了一种有效手段。在本书的大部分实验单元，特别是前面的实验单元安排了仿真调试的训练，以促进学生对单片机原理的理解。

（3）贯彻软硬结合学习的原则。针对单片机的实际应用系统是软硬结合的产物，本书除了少量的专门程序设计练习外，大多数实验内容都涉及软件与硬件的结合。特别是，在本书的第一个实验单元就安排了一个简单的既涉及软件又涉及硬件的实验，使学生在一开始就认识到单片机的应用系统是一个软硬件的结合体。

（4）实验的内容和采用的工具贴近应用实际。本书的实验内容尽量选择实际应用中经常遇到或者是它们的简化形式。编程的语言主要采用实际应用开发中经常用到的C51，实验设备采用可以直接应用于开发的单片机开发板。

（5）本着由浅入深的原则安排实验内容。不仅全书的 20 个实验按照由浅入深的原则安排，而且每个实验单元中的 3 个实验题目也遵循这一原则，以便于学生学习和教师组织教学。

本书可作为应用型本科计算机、电子工程、自动化、机电类专业的教材，也可作为工程技术人员学习单片机技术的参考书。

由于作者水平所限，书中难免有错误和不妥之处，恳请读者批评指正。

编　者

目 录

实验 1　单片机系统认识实验 ……………………………………………………………… 1
实验 2　Keil μVision2 集成开发环境的使用 …………………………………………… 10
实验 3　MCS-51 单片机汇编语言编程练习一 …………………………………………… 23
实验 4　MCS-51 单片机汇编语言编程练习二 …………………………………………… 29
实验 5　MCS-51 单片机 C 语言编程练习一 ……………………………………………… 37
实验 6　MCS-51 单片机 C 语言编程练习二 ……………………………………………… 45
实验 7　单片机控制流水灯实验 …………………………………………………………… 51
实验 8　数码管显示实验 …………………………………………………………………… 61
实验 9　点阵式 LED 显示器实验 ………………………………………………………… 69
实验 10　键盘输入接口实验 ……………………………………………………………… 82
实验 11　液晶显示器实验 ………………………………………………………………… 92
实验 12　外部中断实验 …………………………………………………………………… 111
实验 13　定时中断实验 …………………………………………………………………… 122
实验 14　单片机与单片机通信实验 ……………………………………………………… 137
实验 15　单片机与 PC 通信实验 ………………………………………………………… 153
实验 16　A/D 转换实验 …………………………………………………………………… 165
实验 17　D/A 转换实验 …………………………………………………………………… 174
实验 18　IC 卡实验 ………………………………………………………………………… 182
实验 19　单片机播音实验 ………………………………………………………………… 201
实验 20　DS18B20 数字温度计的设计实验 ……………………………………………… 211
附录 1　STC 单片机简介 …………………………………………………………………… 226
附录 2　单片机开发板的使用方法 ………………………………………………………… 228
参考文献 …………………………………………………………………………………… 232

实验 1 单片机系统认识实验

【实验目的】

(1) 建立 MCS-51 系列单片机的感性认识；
(2) 掌握单片机最小系统的硬件组成；
(3) 了解单片机应用软件的作用；
(4) 了解单片机系统的"宿主机＋目标板"的开发方法；
(5) 自己动手制作一个简单的单片机最小系统。

【预习与思考】

(1) 阅读本实验原理部分的内容和配套理论教材中有关 MCS-51 系列单片机的基本硬件结构和单片机最小系统的内容。
(2) 80C51 单片机芯片内部由哪些部分组成？
(3) 80C51 单片机芯片的 40 个外部引脚可以分为几类？
(4) 要构成单片机最小系统，需要哪几个基本外部电路？都需要使用哪些外部引脚？
(5) 单片机时钟电路和复位电路的作用各是什么？
(6) 画出使用内部时钟方式构成单片机最小系统的电路图，并标出器件的参数。
(7) 利用单片机控制一个 LED 指示灯的亮灭，画出电路图。
(8) 一般开发单片机系统的应用程序需经过哪几个步骤？

【实验原理】

1. MCS-51 单片机

单片机是含有 CPU 的集成电路，它有各种型号和封装形式。典型的双列直插式 MCS-51 系列单片机 89C51 从外观来看是一个具有 40 个引脚的集成电路芯片，如图 1.1 所示。

图 1.1 单片机实物图

单片机的内部一般由中央处理单元(CPU)、时钟电路、程序存储器(ROM)、数据存储器

(RAM)、并行 I/O 接口、串行接口、定时器/计数器和中断系统 8 个部分组成,如图 1.2 所示。由于单片机的内部具有 CPU 和存储器,所以它具有计算和存储能力,可以对信息进行判断、处理和存储,即具有一定的智能处理能力。而通过并行 I/O 接口、串行接口及其他扩展接口可以将外部的信息输入进单片机,或者将单片机的处理结果向外部输出。定时器/计数器是单片机产生定时信号或对外部信号进行计数的部件。中断系统可以管理来自外部的中断源和内部中断源的中断,使这些中断请求得到有序的处理。

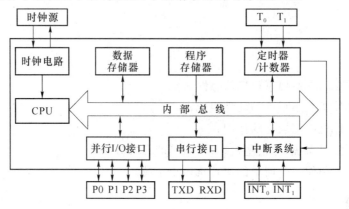

图 1.2　80C51 单片机的内部结构框图

2. MCS-51 单片机的最小系统

使用 MCS-51 系列单片机进行应用系统设计时,通常有两种模式可以采用,一种是总线扩展系统,另一种是最小系统。总线扩展系统使用单片机的 P0 口和 P2 口作为单片机向外扩展的地址总线和数据总线,连接片外扩展接口电路和存储器构成应用系统,一般在系统规模较大时采用。如果不使用向外扩展的地址总线和数据总线,仅用单片机与外围电路构成应用系统,这种模式称为单片机最小系统,其系统方框图和基本电路分别如图 1.3 和图 1.4 所示。

图 1.3　单片机最小系统

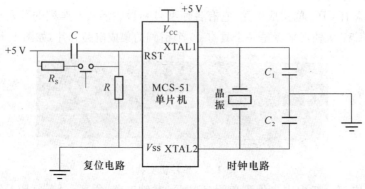

图 1.4　单片机最小系统基本电路

单片机的最小系统的基本电路由单片机、时钟电路、复位电路和电源4部分组成。时钟电路是单片机产生工作时序节拍的电路,由单片机内部的反相放大器和外接晶体振荡器及两个电容构成。复位电路是实现单片机硬件初始化的电路,单片机的复位包括两种情况,一是上电复位,即在单片机通电时对单片机硬件的初始化;二是通过按键实现复位,当单片机运行出现死机或希望单片机重新开始执行程序时可以使用按键复位。电源的作用是提供单片机工作所需要的直流电源,不同型号的单片机可能需要不同电压的直流电源,在使用单片机时需要注意。

3. MCS-51 单片机的并行接口

MCS-51 单片机具有4个并行接口,分别为P0、P1、P2、P3。这4个并行接口都是双向的,既可以作为输入也可以作为输出。MCS-51 单片机的每个并口有8个引脚,这样它共有32个并行输入/输出引脚。

当使用并行接口的某个引脚作为输出时,可以编程控制该引脚为高电平或低电平。例如,要使 P1.0(P1 口的第 0 号引脚)输出高电平(+5 V),可以通过程序使 P1.0 置 1;要使 P1.0 输出低电平(0 V),可以通过程序使 P1.0 置 0。

当使用并行接口的某个引脚作为输入时,可以编程来读取该引脚的值来获得输入的电平信号。例如,当 P1.1(P1 口的第 1 号引脚)为高电平(+5 V)时,通过程序可以得到 P1.1 为 1(代表输入信号为高电平);当 P1.5 输入低电平(0 V)时,可以得到 P1.1 为 0(代表输入信号为低电平)。

4. 利用并行接口输出控制 LED 小灯的亮灭

利用单片机可以构成各种各样的应用系统,下面举一个最简单的例子,用单片机的并行接口输出控制 LED 小灯的亮灭。

控制 LED 小灯的亮灭的原理很简单,当电路中的 LED 两端电位差为 0 时,LED 中无电流通过,则 LED 小灯熄灭;而当电路中的 LED 两端存在电位差,有足够大的电流通过 LED 时,则 LED 小灯点亮。如果将 LED 的正极端通过一个电阻连接到 5 V 电源的正极,将 LED 的负极端连接到单片机并行接口的一个输出引脚,通过单片机运行的程序控制该输出引脚,当输出引脚为高电平(5 V)时,LED 两端电位差为 0,LED 小灯熄灭;当输出引脚为低电平(0 V)时,LED 两端存在电位差,有足够大的电流通过 LED 时,LED 小灯点亮。

此外,要使单片机工作还要给它配上时钟电路和复位电路,再将单片机的 V_{cc} 和 V_{ss}(GND)之间加上 5 V 直流电源形成供电电路。此外,还有一点需要注意,要将单片机的EA/VPP引脚连接到5 V电源,以将单片机置于运行程序的工作状态。一个控制 LED 小灯的亮灭的单片机最小系统的硬件电路图如图 1.5 所示,该电路利用 P1.0 来控制 LED 小灯的亮灭。

除了硬件电路,要发挥单片机的作用还需要对它进行编程,通过编程可以实现不同的控制方案。例如,可以让 LED 小灯常亮,可以使它交替亮灭,可以采用不同的交替亮灭时间间隔,可以在满足一定条件下控制它的点亮或熄灭等。

控制 LED 小灯交替亮灭的 C 语言源程序如下:

```
#include <AT89x52.h>    //包含89x52单片机特殊功能寄存器声明头文件
sbit P10 = P1^0;    //定义特殊功能位P10
void delay( );
void main( )
```

```
{
    while(1)
    {
        P10 = 1;        //小灯灭
        delay( );
        P10 = 0;        //小灯亮
        delay( );
    }
}
void delay( )           //延时函数
{
    int i,j;
    for(i = 0;i<10;i++)
        { for(j = 0;j<256;j++); }
}
```

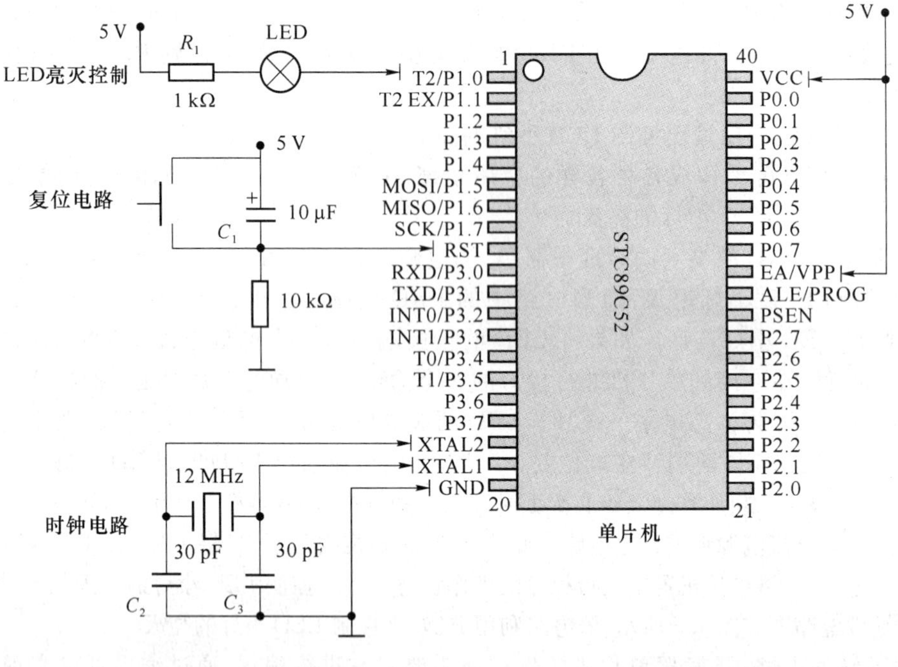

图 1.5 控制 LED 小灯亮灭单片机最小系统电路图

5. 单片机应用程序开发方法

与普通计算机不同,单片机是一个集成电路芯片,它只能运行程序而本身没有开发能力,需要借助于普通微型计算机(PC 或笔记本式计算机)进行开发,即在普通微型计算机上运行单片机开发调试程序(称为集成开发环境),形成可以在单片机上运行的可执行程序文件,然后下载到单片机的程序存储器中。在进行单片机应用开发时,普通微型计算机通过 RS-232 串行接口、并行接口或 USB 接口与单片机系统连接,实现程序的下载和调试信息的反馈,构成"宿主机+开发板"的开发模式。本书所使用的51hei-5型单片机开发板是通过RS-232串行接口与普通微型计算机连接的,所使用的集成开发环境为Keil μVision2,如图1.6所示。

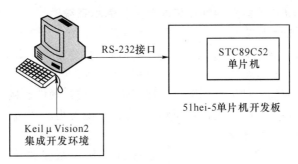

图1.6 "宿主机+开发板"的开发模式示意图

单片机应用程序开发的一般步骤如下:

(1) 使用Keil μVision2集成开发环境输入所编写的程序并保存源程序文件;
(2) 建立一个工程,并将源程序文件加入工程;
(3) 对源程序进行编译、连接,如有语法错误则修改程序,形成无语法错误的程序文件;
(4) 利用Keil μVision2运行程序,进行仿真调试,如有逻辑错误则进行修改,最后形成正确的可执行文件并保存;
(5) 将可执行文件下载到单片机中;
(6) 将单片机放入应用系统,进行运行调试,如果没达到设计目标,则修改源程序重新进行,直到获得满意的结果。

【实验设备及工具】

硬件:(1) 面包板1个;
　　　(2) STC89C52RC单片机1个;
　　　(3) 12 MHz晶体振荡器1个;
　　　(4) 30 pF电容2个;
　　　(5) 10 μF电解电容1个;
　　　(6) 1 kΩ和10 kΩ电阻各1个;
　　　(7) 按钮开关1个;
　　　(8) LED小灯1个;
　　　(9) 1.5 V电池3节;
　　　(10) 4.5 V电池盒1个;
　　　(11) 导线若干;
　　　(12) 51hei-5型单片机开发板1块;
　　　(13) PC 1台;
　　　(14) RS-232连接线1条;
　　　(15) 单片机开发板供电USB连接线1条。

软件:(1) Keil μVision2集成开发环境1套;

(2) STC-ISP 下载编程软件 1 套。

【实验内容】

1. 制作一个使 LED 小灯周期性亮灭的单片机最小系统

制作一个控制 LED 小灯周期性亮灭的单片机最小系统,要求按照图 1.5 所示的实验电路自己动手在面包板上进行硬件连接和调试(应用程序已经事先下载到单片机中)。

实验步骤:

(1) 在不连接电源的条件下按照图 1.5 在面包板上进行硬件连接。

(2) 完成硬件连接后,仔细检查,纠正错误,直到正确为止。

(3) 两人为一组进行互相检查。

(4) 将由电池组构成的 4.5 V 直流电源连接到电路,给系统供电。

(5) 观察系统运行结果,如没得到正确的运行结果马上断开电源重新检查硬件连接,检查到错误并纠正后再重新通电运行,直到获得正确的结果。

(6) 实验完成后断开系统的电池组电源。

实验提示

① 在使用单片机时要注意其管脚排列。单片机的半圆形缺口朝上时,左侧从上到下为为 1~20 脚,右侧从下到上为 21~40 脚。

② 要注意由电池组构成的 4.5 V 直流电源的极性,另外要避免电源短路。

③ LED 的正负极要连接正确,否则 LED 小灯不会点亮。

2. 重新编写和下载程序使 LED 小灯亮灭的时间间隔变长

因为图 1.5 所示的控制 LED 小灯周期性亮灭的单片机最小系统是通过软件延时来控制 LED 小灯亮灭的时间间隔的,所以修改延时子程序的循环次数可以改变 LED 小灯亮灭的时间间隔。

实验步骤:

(1) 打开宿主计算机,进入 Keil μ Vision2 集成开发环境主界面,如图 1.7 所示。

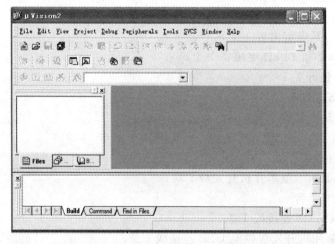

图 1.7　Keil μ Vision2 集成开发环境的主界面

(2) 打开 Project(工程)菜单→Open Project(打开工程),找到并打开工程文件 EX1,调出源程序文件,如图 1.8 所示。

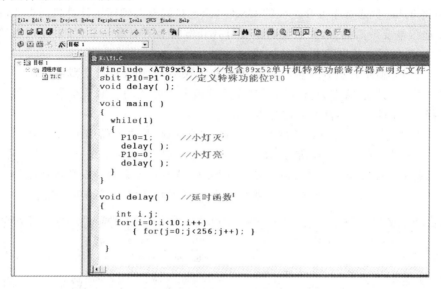

图 1.8　打开工程调出源程序文件

(3) 修改源程序的延时循环次数。

(4) 单击 Build target 对源程序进行编译和连接,程序编译连接成功后的画面如图 1.9 所示。

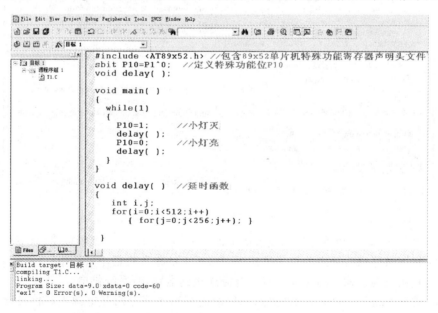

图 1.9　程序编译连接成功后的画面

(5) 保存编译连接成功后的工程文件。

(6) 将在应用系统中使用的单片机放入 51hei-5 型单片机开发板的单片机 40 脚锁紧插座中并锁紧。**注意:单片机的放置方向要正确(单片机的半圆形缺口朝上)。**

(7) 将 51hei-5 型单片机开发板的 RS-232 串行接口通过 RS-232 下载线连接到宿主计算机的 RS-232 串行接口。

(8) 将 51hei-5 型单片机开发板的 USB 电源连接线连接到宿主计算机的 USB 接口(注意：USB 连接端要最后插入，并且此时不要打开开发板上的电源开关，如果发现电源指示灯亮了请关掉开发板上的电源开关)。

(9) 51hei-5 型单片机开发板与宿主机连接无误后，打开 51hei-5 型单片机开发板的电源开关(开关处于弹起状态为打开)，当打开开发板电源开关的一瞬间会发现电源指示灯亮了，下载指示灯闪烁，这样就可以进行下一步了。

(10) 在宿主机上运行下载软件 STC-ISP V391.exe，其主界面如图 1.10 所示。首先打开"MCU Type"下拉菜单选择所使用的单片机型号，然后单击"Open file/打开文件"找到并打开要下载的 .hex 机器码文件 (.hex 文件由 Keil μVision2 集成开发环境在编译成功后产生)，最后，单击"Download/下载"，就可以将 .hex 机器码文件下载到单片机中。

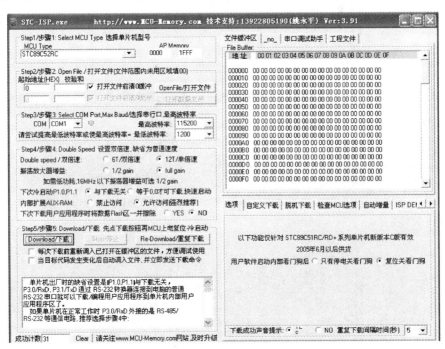

图 1.10 下载软件 STC-ISP V391.exe 的主界面

(11) 关闭 51hei-5 型单片机开发板的电源，松开单片机 40 脚锁紧插座，取下单片机。

(12) 将下载好修改程序的单片机插入面包板上的单片机最小系统中。

(13) 将由电池组构成的 4.5 V 直流电源连接到电路，给系统供电。

(14) 观察系统运行结果，如没得到正确的运行结果马上断开电源重新检查硬件连接，纠正错误后再重新通电运行，直到获得正确的结果。

(15) 实验完成后断开系统的电池组电源。

 **实验提示**

在使用 51hei-5 型单片机开发板过程中，不要用手或者导体接触单片机集成电路的引

脚或者电路！这样很可能会永久性地损坏单片机开发板、集成电路或计算机主机,也可能造成人触电！

3. 制作一个用按钮控制 LED 小灯亮灭的单片机最小系统

在上述实验的基础上,重新设计硬件电路和程序实现用一个按钮控制 LED 小灯亮灭的单片机最小系统。要求当按下按钮时 LED 小灯亮,当按钮抬起时 LED 小灯熄灭。

【实验报告】

(1) 描述单片机最小系统的构成及工作原理。
(2) 单片机是如何控制 LED 小灯亮灭的？
(3) 画出所做实验的电路图并写出程序清单。
(4) 描述单片机应用程序的开发方法。
(5) 分析实验中遇到的问题,写出自己的心得体会及实验收获。

实验 2　Keil μVision2 集成开发环境的使用

【实验目的】

(1) 熟悉 Keil μVision2 集成开发环境；

(2) 掌握 Keil μVision2 集成开发环境的使用方法；

(3) 学会在 Keil μVision2 集成开发环境下对 MCS-51 单片机汇编语言程序和 C51 语言程序进行编辑、编译、链接、仿真调试与运行的步骤与方法。

【预习与思考】

(1) 预习本实验原理和配套理论教材第 3 章的相关内容。

(2) 描述利用 Keil μVision2 集成开发环境对 MCS-51 单片机汇编语言程序和 C51 语言程序进行编辑、编译、链接、仿真调试与运行的基本步骤。

(3) 由 Keil μVision2 集成开发环境编译链接通过的程序一定没有任何错误吗？

(4) 在 Keil μVision2 集成开发环境下，运行一个程序有几种方法？

(5) 如何设置断点？设置断点有什么用途？

(6) 在调试过程中，如何观察寄存器的内容？

(7) 在调试过程中，如何观察指定地址存储单元的内容？

【实验原理】

1. Keil μVision2 集成开发环境简介

由于单片机无自主开发能力，单片机应用程序的开发需要在宿主计算机上进行，通常宿主计算机由 PC 或笔记本式计算机来担当。在宿主计算机上安装能够实现程序编辑、编译、链接、仿真调试的软件，这类软件称为集成开发环境。通过使用集成开发环境，不仅能够实现单片机应用程序的开发，而且还可以帮助初学者理解单片机的通用寄存器、特殊功能寄存器以及内外存储单元等内容，熟悉程序执行过程中变量、内外存储单元、寄存器等变化的情况。由于单片机内部可操作的对象是肉眼看不见的，具有一定的抽象性，因此给理解单片机的工作原理带来了困难，而集成开发环境的应用恰好可以解决这个难题，给初学者提供了一种快捷、方便、形象地理解单片机内部结构与原理的方法。

Keil μVision2 可视化单片机集成开发环境软件，是德国 KEIL 公司开发的基于 Windows 操作系统下的 MCS-51 系统单片机的集成开发环境。它集项目管理、源程序的编辑、汇编、编译、链接、程序的仿真、调试运行功能于一体，是一个功能强大的单片机集成开发平台。它的 Keil μVision2 以上版本，支持 C51 编译器、MCS-51 宏汇编编译器、链接器、库管理和一个功能强大的仿真调试器等在内的完整开发方案，并通过一个可视化的集成开发环境将这些部分组合在一起,具有友好的人机界面。

当启动 Keil μVision2 集成开发环境以后,主界面上包括文件菜单、编辑菜单、视图菜单、工程菜单、调试菜单以及外围设备菜单等。有关这些菜单的具体功能,这里就不一一描述,具体可参见配套理论教材的第 3 章。

2. 使用 Keil μVision2 集成开发环境进行应用程序开发

通常在 Keil μVision2 集成开发环境下,进行单片机应用程序的开发主要包括以下步骤:新建工程→单片机型号选择→新建源程序文件→编译链接→调试运行。下面将具体介绍使用 Keil μVision2 集成开发环境,进行单片机汇编语言程序的开发过程。

(1) 启动 Keil μVision2 集成开发环境。

在 PC 上,安装好 Keil μVision2 集成开发环境以后,双击启动图标,显示如图 2.1 所示的界面效果。

图 2.1　Keil μVision2 集成开发环境的启动界面

(2) 进入 Keil μVision2 集成开发环境。

当 Keil μVision2 的启动界面短暂显示以后,Keil μVision2 的工作界面被打开,如图 2.2 所示。通常 Keil μVision2 软件有中、英文两种版本,建议初学者使用中文版本。从图 2.2 中可以看到,Keil μVision2 的工作界面在刚被打开时,内部是空白的,没有加入任何工程文件。

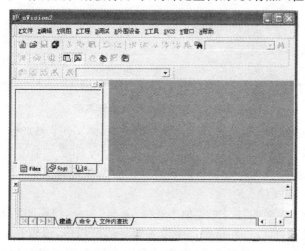

图 2.2　Keil μVision2 集成开发环境的工作界面

(3) 新建工程。

在 Keil μVision2 集成开发环境的"工程"菜单中选择"新建工程"命令,则出现新建工程的对话框,如图 2.3 所示。选择工程所要保存的路径,然后输入工程名称 EX3,单击"保存"

按钮。这里注意,工程名称可以任意取名,最好使用英文且英文名称不要过长。

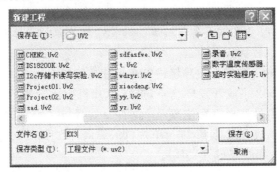

图 2.3　Keil μVision2 集成开发环境新建工程对话框的界面

(4) 单片机型号选择。

在上一步输入工程名称并保存以后,就会出现一个 51 系列单片机的型号选择对话框,提供了很多厂商生产的不同型号的单片机芯片。大家可以选择自己工程中所使用的具体单片机芯片的型号,这里选择的是 Atmel 公司的 AT89C51,如图 2.4 所示。

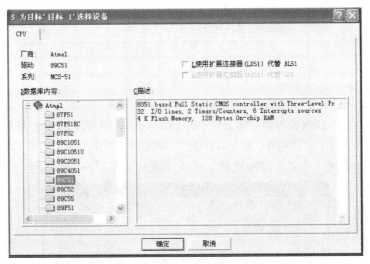

图 2.4　单片机的型号选择界面

当单片机的类型选择完毕之后,单击"确定"按钮,则一个工程项目就确定好了。这时,新建立的工程项目就会出现在窗口中,如图 2.5 所示。从图 2.5 中可以看到,在当前工程的源程序组 1 下,没有添加任何汇编语言或者 C51 语言的程序源文件。

(5) 新建的源程序文件。

在 Keil μVision2 界面的"文件"菜单中选择"新建"命令,则在图 2.5 中的灰色工作区域中会打开源代码的编辑窗口。在该窗口中输入编写的源程序,编辑完毕要把该程序文件取名并选择路径后保存。这里需要注意,取文件名时汇编语言程序要加后缀类型名为.asm,而 C51 语言程序要加后缀类型名为.c,并且对于初学者而言最好一个工程项目下面只包含一个汇编语言源程序或者一个 C51 语言的源程序,尽量不要将多个.asm 或.c 程序文件放在同一个工程中,这样容易出错。

实验 2　Keil μVision2 集成开发环境的使用

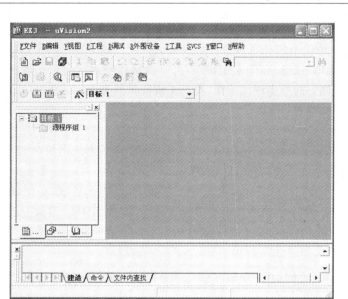

图 2.5　已经建好的工程项目 EX3 的界面

（6）编译链接文件。

在上一步文件保存好后，关闭汇编语言或 C51 语言的源程序文件，接着用鼠标右击工程左侧的"源程序组 1"，在弹出的对话框中选择"增加文件到'源程序组 1'"的选项，再把上面第（5）步刚刚编辑好的汇编语言源程序文件 T21.asm（具体参考程序源代码见实验 1）加入到工程的"源程序组 1"文件夹下。这时，就可以对编写的源程序文件进行编译和链接了。图 2.6 是编译链接成功的界面，应该是 0 个错误，0 个警告。

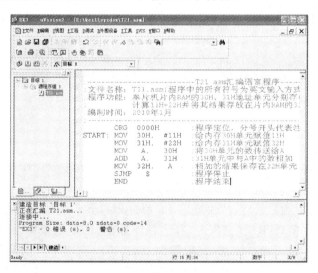

图 2.6　程序编译链接成功的界面图

（7）运行调试。

在编译链接成功之后，按快捷键"Ctrl+F5"或者调试菜单下的"开始调试"选项，即可进入工程的运行调试界面，这时可以选择 3 种调试运行方法。

① 单步调试(快捷键:F10 或 F11)。

连续按快捷键 F10 或 F11,可以进行单步调试。配合观察寄存器窗口(Regs 选项卡)和内存地址窗口(单击菜单"视图/存储器窗口"),可以检验程序运行是否正确。注意,F10 键提供不具有子程序跟踪能力的单步调试操作,而 F11 键提供具有子程序跟踪能力的单步调试操作。

② 连续调试(快捷键:F5)。

如果程序较长,不想一步一步地单步调试运行程序(因为这样做会浪费大量的时间),而是希望程序直接运行到最后一句并得出结果,这时就不能使用快捷键 F10 或者 F11 了,只能使用快捷键 F5。按下 F5 键以后,程序就会自动开始运行。这里需要注意,当程序连续执行以后,需要人为将它停止下来,否则程序不能自动停下来,看不到任何程序的执行结果。那么如何停止正在连续执行的程序呢? 这里只要单击工具面板上连续执行按钮旁边的"红色小叉"图标即可停止正在连续运行的程序,看到单程序的执行结果了。具体程序 T21.asm 的调试结果如图 2.7 所示。

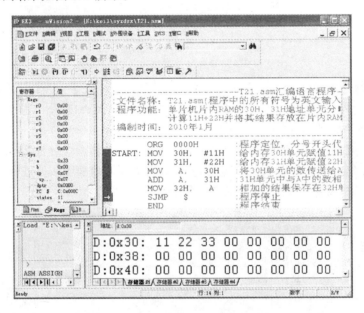

图 2.7 程序调试执行完毕的结果图

③ 断点调试。

根据调试需要可以在程序中的任一语句处设置断点,以观察程序执行的中间结果。在准备设置断点的源程序语句处连续双击,当语句前面出现如图 2.8 所示的红色方形断点标志时,表示断点设置成功。然后,按快捷键 F5 程序即可运行到所设置的断点语句处停止。此时可以观察寄存器窗口(Regs 选项卡)和内存地址窗口(单击菜单"视图/存储器窗口"),检验程序运行结果是否正确。注意,在取消断点时,需要在刚才设置断点的语句处连续双击,则红色方形断点标志消失,表示断点被取消。断点调试经常用于检查程序的中间运行结果是否正确,也就是说此时程序的测试人员既不需要每条指令的详细单步测试,也不需要直接看到程序的最后执行结果,而是就看程序中间的某些语句的执行情况,这时断点调试非常适合。如图 2.8 所示,是在汇编语言程序 T21.asm 的语句"ADD A,31H"处设置断点的调试结果图。

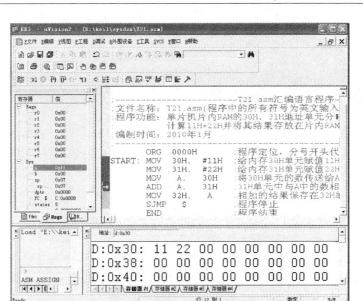

图 2.8 断点调试的界面图

当所有调试结束以后,再次按下快捷键"Ctrl+F5"或者单击"调试"菜单下的"停止调试"选项,则程序从调试状态返回到原来的编译链接成功状态,即图 2.6 中 0 个错误、0 个警告的状态,从而为下一次程序的调试做好准备。通过上面的这些步骤,大家就可以调试好 T21.asm 的汇编语言程序。接下来,还可以再次新建一个工程 EX4,按照同样的步骤和方法来调试实验内容 2 的汇编语言程序 T22.asm。

上述使用 Keil μVision2 集成开发环境进行单片机应用程序开发的步骤是以汇编语言程序为例进行介绍的,那么如何使用 Keil μVision2 集成开发环境对单片机的 C51 语言程序进行开发呢? 其实,C51 语言的程序开发步骤和汇编语言几乎完全一样,主要也包括以下几个步骤:新建工程→单片机型号选择→新建源程序文件→编译链接→调试运行,而 C51 语言程序与汇编语言程序不同之处是汇编语言编写的程序文件后缀名是.asm,而 C51 语言编写的程序后缀名是.c。

3. 在调试时观察寄存器和存储单元的内容

通过上面的介绍,大家已经可以初步掌握在 Keil μVision2 集成环境下汇编和 C51 程序的总体开发步骤。但是,在具体的程序调试过程中,为了检查程序的错误,或者是为了理解程序的执行及单片机的工作原理,经常需要查看单片机的寄存器以及各类存储单元中的数据,下面就以 T21.asm 程序为例,来介绍查看寄存器和存储单元内容的方法。

为了更好地理解单片机的工作原理和程序的执行过程,建议初学者采用单步调试,并逐步观察寄存器以及有关存储单元的内容。

当程序编译链接通过后,打开"调试"下拉菜单,如图 2.9 所示。然后,选择"开始/停止调试"选项进入程序调试状态,如图 2.10 所示。从图 2.10 可以看到,在调试界面的左侧是寄存器的名称和寄存器的值,从上到下依次是通用寄存器 R0~R7,累加器 A,寄存器 B,堆栈指针(SP),数据指针寄存器(DPTR),程序计数器(PC),程序状态字寄存器(PSW)等,在这些寄存器的旁边就是各个寄存器的值,程序调试过程中要时刻关注各个相关寄存器值的变化情况。**注意,通常各个寄存器在编程时最好使用大写字母。**

图 2.9 进入 Keil μVision2 集成环境下调试状态的下拉菜单

图 2.10 Keil μVision2 集成环境的程序调试状态界面

在程序的调试过程中，除了要观察以上寄存器的值，有时还要观察有关存储单元的值，因此需要把存储器窗口打开。打开"视图"菜单选择"存储器窗口"选项，如图 2.11 所示。打开后的存储器窗口，如图 2.12 所示。从图 2.12 可以看到，存储器窗口刚打开时下面是一片空白，因为没有在地址栏中输入存储器单元的类型和地址。这里以程序 T21.asm 为例，在程序中主要涉及 3 个存储器单元，分别是片内 RAM 的 30H、31H 以及 32H 单元，这时在存储器窗口的地址栏中输入 d:0x30 后按 Enter 键，就会显示从 30H 地址单元开始的片内 RAM 存储器。通常，程序未执行时每个地址单元的初始值都为 00，如图 2.13 所示。这里注意，如果要观察片外 RAM 存储单元的数据，则在地址栏中输入 x:加上相应的地址再按 Enter 键；如果要观察片内或片外 ROM 单元的数据，则在地址栏中输入 c:加上相应的地址再按 Enter 键。当相应类型的存储单元以及寄存器窗口都打开后，就可以使用快捷键 F10 进行单步执行了。在图 2.13 所示的状态下，每按一次 F10 键就观察一次存储器单元和寄存器窗口的变化。例如，按了 3 次 F10 键以后，存储单元和寄存器的变化如图 2.14 所示。从图 2.14 可以看到，在存储器窗口中片内 RAM 的 30H 和 31H 地址单元的数值，由原来的 00 分别变成了 11 和 22（这里 11 和 22 都是 16 进制数），而在左侧的寄存器窗口中累加器 A 的值变成了 0x11。按照这样的操作方法，继续按 F10 键，并随时观察存储单元和寄存器的数据变化，直到程序执行完毕。

实验 2　Keil μVision2 集成开发环境的使用

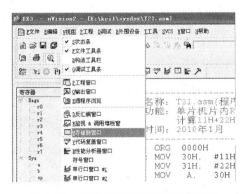

图 2.11　打开存储器窗口的操作界面

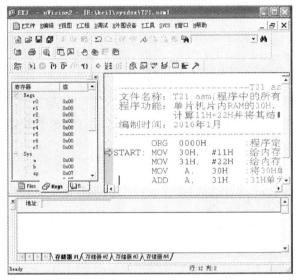

图 2.12　出现存储器窗口的界面

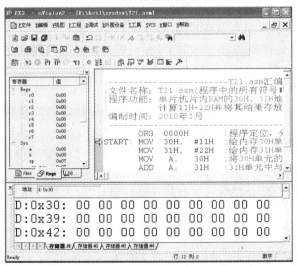

图 2.13　存储器窗口显示片内 RAM 存储器单元的初始数值

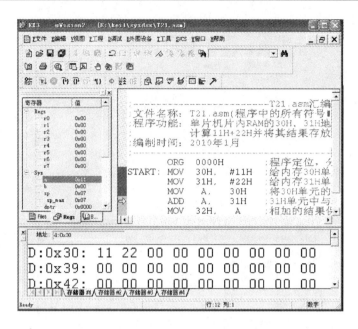

图 2.14 执行完 3 条语句后存储单元和寄存器的变化情况

【实验设备和器件】

(1) PC 一台,操作系统为 Windows XP,内存 256 MB 以上,硬盘 10 GB 以上。
(2) Keil μVision2 集成开发环境,并将该软件安装到 PC 上正常工作。

【实验内容】

1. 调试求和运算程序

单片机片内 RAM 的 30H～31H 地址单元中,分别存放 2 个数据 11H 和 22H,请计算两数相加的和,并将运算结果存放在片内 RAM 的 32H 地址单元中。具体要求如下:

(1) 在 Keil μVision2 集成开发环境中,查询累加器 A、寄存器 B、堆栈指针(SP)、数据指针寄存器(DPTR)、程序计数器(PC)、通用寄存器 R0～R7 以及程序状态字寄存器(PSW)的内容。

(2) 在 Keil μVision2 集成开发环境中,通过在存储器的地址窗口中使用命令 d:0x30,来查询单片机片内 RAM 中 30H～31H 地址单元的内容。

(3) 使用单步调试的方式来执行程序。在调试过程中,配合观察寄存器和存储器窗口,检验程序的运行结果是否正确。

(4) 连续执行程序,配合观察寄存器和存储器窗口,检验运行结果是否正确。

(5) 在汇编指令"ADD A,31H"语句处设置断点并调试,配合观察寄存器和存储器窗口,检验程序运行的结果是否正确。

求和运算的汇编语言源程序 T21.asm 如下:

//------------------------ T21.asm 汇编语言程序 ----------------------
//文件名称:T21.asm(程序中的所有符号为英文输入方式。)

```
//程序功能:单片机片内 RAM 的 30H、31H 地址单元分别存放 2 个数 11H、22H,
//        计算 11H+22H 并将其结果存放在片内 RAM 的 32H 地址单元中
//编制时间:2010 年 1 月
//------------------------------------------------
       ORG   0000H              //程序定位,分号开头代表注释
START: MOV   30H,   #11H        //给内存 30H 单元赋值 11H
       MOV   31H,   #22H        //给内存 31H 单元赋值 22H
       MOV   A,     30H         //将 30H 单元的数传送给累加器 A
       ADD   A,     31H         //31H 单元中的数与累加器 A 中的数相加
       MOV   32H,   A           //相加的结果保存在 32H 单元中
       SJMP  $                  //程序循环等待
       END                      //程序结束
//-------------------- T21.asm 汇编语言程序结束 --------------------
```

实现同样功能对应的 C51 程序如下:

```
//-------------------------- T21.c 程序 --------------------------
//文件名称:T21.c(C51 语言程序)
//程序功能:单片机片内 RAM 的 30H、31H 地址单元分别存放 2 个数 11H、22H,
//        计算 11H+22H 并将其结果存放在片内 RAM 的 32H 地址单元中。
//编制时间:2010 年 1 月
//------------------------------------------------
    #include    <reg51.h>      //51 单片机头文件,本程序未使用
    #include    <absacc.h>     //单片机存储器访问的头文件
    #define     a    DBYTE[0x30]   //定义 a 代表片内 RAM 的 30H 单元
    #define     b    DBYTE[0x31]   //定义 b 代表片内 RAM 的 31H 单元
    #define     c    DBYTE[0x32]   //定义 c 代表片内 RAM 的 32H 单元

    void main( )  //主程序
    {
      a = 0x11;    //片内 RAM 的 30H 单元中赋值为 11H
      b = 0x22;    //片内 RAM 的 31H 单元中赋值为 22H
      c = a + b;   //两个单元中的数相加赋给 32H 单元
      while(1);    //程序循环等待
    }
//-------------------- T21.c 程序结束 --------------------
```

2. 调试查表求一个数平方值的程序

在单片机的工程项目中,有时会遇到求平方的运算,如果用连续乘法或调用函数来实现,这样的方法相对速度较慢。通常情况下,当遇到类似的数学运算问题时,可采用"查表"的方法来解决。已知数据在累加器 A 中(大小在 0~5),请根据累加器 A 中的数据,查表求

其平方值,使用 Keil μVision2 集成开发环境调试求平方值的程序。具体要求如下:

(1) 在 Keil μVision2 环境中,查询累加器 A、寄存器 B、堆栈指针(SP)、数据指针寄存器(DPTR)、程序计数器(PC)、通用寄存器 R0~R7 及程序状态字寄存器(PSW)的内容。

(2) 在 Keil μVision2 集成开发环境中,通过在存储器的地址窗口中分别使用命令 c:0x0100 和命令 c:0x0120,来分别查询片内 ROM 中程序的二进制代码以及平方表。

(3) 使用单步调试的方式来执行程序。在调试过程中,配合观察寄存器和存储器窗口,检验程序的运行结果是否正确。

(4) 连续执行程序,在执行的过程中,配合观察寄存器和存储器窗口,检验程序运行的结果是否正确。

(5) 在汇编指令"MOVC A,@A+DPTR"语句处设置断点并调试,配合观察寄存器和存储器窗口,检验程序运行的结果是否正确。

(6) 参照查表求平方值的汇编语言程序,试设计查表求立方值的汇编语言程序。

本题目的汇编语言的源代码 T22.asm 如下:

```
//--------------------T22.asm 汇编语言程序--------------------
//文件名称:T22.asm
//程序功能:查表求平方值。
//已知用户数据在累加器 A 中(大小在 0~5),根据累加器 A 中的数据,
//对应查表求其平方值。(提示:预先在只读存储器 ROM 中,放入 0~5 的平
//方值 0、1、4、9、16、25,之后按照用户数据间接寻址即可得到需要的结果)
//编制时间:2010 年 1 月
//--------------------------------------------------------
//ORG      0100H                  //程序定位
//MOV      A,      #03H           //准备求 3 的平方
//MOV      DPTR,   #0120H         //平方表的首地址
//MOVC     A,      @A+DPTR        //查表指令,求出平方值
//SJMP     $                      //程序循环等待
//ORG      0120H                  //平方表的地址定位
//DB   0, 1, 4, 9, 16, 25         //0~5 的平方值表
//END                             //程序结束
//--------------------T22.asm 汇编语言程序结束--------------------
```

C51 语言的程序源代码 T22.c 如下:

```
//--------------------T22.c 程序--------------------
//文件名称:T22.c
//程序功能:查表求平方值。
//已知用户数据在累加器 A 中(大小在 0~5 之间),根据累加器 A 中的数据,
//对应查表求其平方值。(提示:预先在只读存储器 ROM 中,放入 0~5 的平
//方值 0、1、4、9、16、25,之后按照用户数据间接寻址即可得到需要的结果)
//编制时间:2010 年 1 月
```

```c
//-----------------------------------------------------------
void  main( )
{
    const  unsigned  char  sqr[6] = {0, 1, 4, 9, 16, 25};
    unsigned char a, b;
    do{
        if(a> = 0 && a< = 5)
          { b = sqr[a]; }
    }while(1);
}
//---------------------- T22.c 程序结束 -----------------
```

通过上面的实验内容可以看出,相对汇编语言来讲,C51 语言更容易理解,而且单片机 C51 语言的语法和 ANSI C 语言基本一致,程序的可读性较好。但是作为初学者,应从单片机的汇编语言开始学起,因为汇编语言更接近单片机的硬件,有助于更好地理解单片机的内部硬件结构。

3. 选做题

(1) 下面的程序 T23.asm 的源代码与 T21.asm 实现的功能完全相同,请进行调试练习,并比较两个程序的不同之处。

```
//---------------------- T23.asm 汇编程序 -----------------
//文件名称:T23.asm
//程序功能:单片机片内 RAM 中的 30H～31H 地址单元中
//         分别存放 2 个数 11H、22H,计算 11H+22H
//         其结果存放在片内 RAM 的 32H 地址单元中。
//编制时间:2010 年 1 月
//-----------------------------------------------------------
        ORG     0100H              //程序定位
START:  MOV     R0,    #30H        //被加数地址
        MOV     R1,    #31H        //加数地址
        MOV     @R0,   #11H        //数据 11H 存放在片内 RAM 的 30H 单元
        MOV     @R1,   #22H        //数据 22H 存放在片内 RAM 的 31H 单元
        MOV     A,     @R0         //被加数放入累加器中
        ADD     A,     @R1         //两个数相加,结果保存在累加器中
        INC     R1                 //R1 加 1,由原来的 31H 变为 32H
        MOV     @R1,   A           //存结果到片内 RAM 的 32H 单元中
        SJMP    $                  //程序循环等待
        END                        //程序结束
//---------------------- T23.asm 汇编程序结束 -----------------
```

(2) 请在 Keil μVision2 集成开发环境中,对下面的 C51 语言程序 T24.c 的源代码进行调试练习,并理解此程序的设计方法以及所实现的功能。

```
//------------------------T24.c 程序--------------------
//文件名称:T24.c
//程序功能:略
//编制时间:2010 年 1 月
//-----------------------------------------------------
    #include     <absacc.h>
    #define    a      DBYTE[0x30]   //定义 a 代表片内 RAM 的 30H 单元
    #define    b      XBYTE[0x30]   //定义 b 代表片外 RAM 的 30H 单元
    void    main( )
    {
       a = 0xCD;
       b = a;
       while(1);
    }
//------------------------T24.c 程序结束-------------------
```

【实验报告】

(1) 将实验过程中主要的操作步骤、键入的命令、实验结果以及显示信息等完整地记录在实验报告中;

(2) 写出所做实验的源程序,并画出程序的流程图;

(3) 叙述程序调试过程中遇到的问题及解决方法;

(4) 根据实验过程,写出本次实验的收获和心得体会。

实验 3 MCS-51 单片机汇编语言编程练习一

【实验目的】

(1) 熟悉单片机汇编语言指令；
(2) 掌握单片机汇编语言顺序结构、分支结构程序的编程方法；
(3) 进一步掌握使用 Keil μVision2 集成开发环境的使用方法。

【预习与思考】

(1) 预习配套理论教材与本实验原理中 MCS-51 单片机指令系统相关内容。
(2) 预习配套理论教材与本实验原理中，使用汇编语言进行"顺序结构程序设计"和"分支结构程序设计"的相关内容。
(3) 总结归纳出所有具备分支功能的 MCS-51 汇编语言指令。

【实验原理】

1. 单片机指令系统

众所周知，全世界生产单片机的芯片厂商有几百家，不同厂商生产的单片机芯片都有自己特定的指令系统来进行支持，那么在众多不同类型的单片机指令系统中，作为单片机的初学者是不是要一一来学，是不是需要面面俱到呢？回答是不需要。因为，尽管单片机芯片的生产厂商、芯片类型以及处理位数都不尽相同，但是所有的单片机芯片都有一个共同的祖先，那就是 Intel 公司生产的 MCS-51 系列单片机芯片。因此，只要掌握好 MCS-51 系列单片机的指令系统，就可以举一反三、触类旁通，从而理解好各种其他类型单片机芯片的指令系统。

MCS-51 系列单片机的指令系统，一共有 111 条，按照指令实现的功能不同，将这 111 条指令分成了 5 大类，即数据传送类指令、算术运算类指令、逻辑运算类指令、控制转移类指令以及位操作指令(也叫布尔变量操作指令)。其中，数据传送类指令的作用是将数据在单片机芯片内部或外部的不同部件间进行传送，它是 5 大类指令当中最基础、最重要，也是指令条数最多的一类指令。如果能将这类指令理解掌握好，其他 4 类指令的学习就会比较容易。第 2 类，算术运算类指令，顾名思义就是使单片机芯片中的 CPU 进行加、减、乘、除、加 1、减 1 等不同功能的算术运算。第 3 类，逻辑运算类指令，顾名思义也就是使单片机芯片中的 CPU 进行与、或、非、异或、左移、右移等不同功能的逻辑运算。第 4 类，控制转移类指令，作用是控制程序的执行顺序，即控制程序是否顺序执行，何时进行分支，何时进行子程序的调用以及如何使程序不断循环执行。打个比方，控制转移类指令的作用，就好比是程序执行的指挥中心，什么时候执行哪一段程序，完全由这类指令来进行控制。本次实验 3 的内容，主要就是针对这些指令进行重点的练习。第5类,位操作类指令,这类指令的主要作用是把二进制位由1变成0或者由0变成1,另外还可以根据某些二进制位的值进行程序的控制与转移。为了方便记忆,根据这5类指令的不同功能,将5大类指令编成了"顺口溜",有助于初学者对5大类指令及功能的理解和记忆,即"传来传去"代表数据传送类指令的作用,"算来算去"代表算术运算类和逻辑运算类指令的作用,"跳来跳去"代表控制转移类指令的作用,而"变来变去"代表位操作指令的作用。5大类单片机汇编语言指令的分类以及作用,总结如下:

(1) 数据传送指令:29条,作用是"传来传去"。
(2) 算术操作指令:24条,作用是"算来算去"(进行的是加减乘除等算术运算)。
(3) 逻辑操作指令:24条,作用也是"算来算去"(进行的是与、或、非等逻辑运算)。
(4) 控制转移指令:17条,作用是"跳来跳去"。
(5) 位操作指令: 17条,作用是"变来变去"。

2. 单片机汇编语言程序设计的基本结构

单片机的指令是用汇编语言表示,在进行单片机汇编语言的程序设计时,通常有4种应用程序结构,即顺序结构、分支结构、循环结构以及主子调用结构。在具体程序设计的过程中,要根据实际情况灵活运用各种结构,有时在一个程序中需要将多种结构进行组合应用。这4种程序结构,如图3.1所示。本次实验着重顺序结构、分支结构以及主子调用结构汇编程序的设计,实验4将重点介绍循环结构的汇编程序设计。

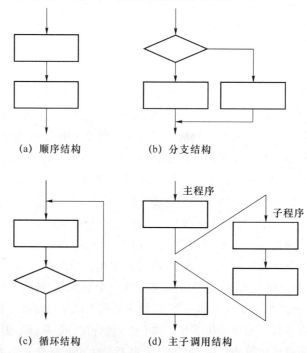

(a) 顺序结构　　(b) 分支结构

(c) 循环结构　　(d) 主子调用结构

图3.1　单片机汇编语言程序设计的4种结构图

3. 单片机汇编语言程序设计的基本步骤

在掌握了单片机汇编语言以及程序结构后,就可以进行汇编语言的程序设计了。汇编语言的程序设计就是针对实际应用问题,使用MCS-51系列单片机的指令系统并结合汇编语言程序的设计结构,来编制汇编语言程序的过程。在程序设计的过程中,应该在保证实

现程序功能的前提下,使程序占用的空间越小越好,执行速度越快越好。汇编语言程序设计的基本步骤如下:

(1) 分析应用问题,明确单片机系统的功能要求与设计目标,确定根据应用问题抽象出的算法数学模型以及具体设计思路。

(2) 根据算法数学模型以及设计思路,绘制出程序实现的软件流程图。

(3) 分配内、外存单元,即应用问题中的原始数据、中间数据、结果以及程序代码如何在存储器中进行存放。

(4) 按照软件程序流程图,进行汇编语言源程序的设计。

(5) 使用 Keil μVision2 集成开发环境,在宿主计算机上输入程序,进行程序的汇编和调试运行,并在调试运行过程中找出错误进行更正,然后再次进行调试运行,直到程序通过,得到正确的运行结果。

(6) 在程序调试运行正确后,一定要及时编写程序设计文档说明,以备忘。

4. 实现分支结构的指令

本次实验侧重练习分支结构的汇编语言程序设计,因此控制转移类指令是这些程序设计的核心,在这里对控制转移类指令进行简要的总结,指令的具体分类情况如下。

(1) 无条件转移指令:主要包括 JMP、LJMP、SJMP 以及 AJMP 指令。

(2) 条件转移指令:主要包括以下 4 小类指令。

① 累加器判 0 转移指令。

② 循环转移指令。

③ 比较转移指令。

④ 位转移指令。

(3) 调用与返回指令:主要包括 LCALL、ACALL 以及 RET 指令。

从上面的总结可以看出,控制转移类指令主要包括 3 小类,即无条件转移指令、条件转移指令以及调用与返回指令。其中,第 1 类无条件转移指令的作用是不需要任何条件,只要程序中遇到这样的指令,程序就会无条件转移到新的指令进行执行,常用的无条件转移指令有 JMP、LJMP、SJMP、AJMP,它们的用法基本相同,就不一一详细介绍。第 2 类条件转移指令,这类指令是最重要的也是最不容易理解的控制转移指令,它们的作用是当满足某个条件时,程序才会转移到某个新的标号地址处来执行新的程序指令,常用的条件转移指令有 4 种,即累加器 A 判 0 转移指令(JZ、JNZ)、循环转移指令(DJNZ)、比较转移指令(CJNE)以及位转移指令(JC、JNC、JB、JNB)。其中,JZ 与 JNZ 是判断累加器 A 为 0 还是非 0 时,程序进行跳转;而 JC、JNC、JB、JNB 是判断某个二进制位为 0 还是非 0 时,程序进行跳转,通常也可以把位转移指令作为位操作指令的一部分;CJNE 指令用于比较两个数据是否不相等,当不等时,程序进行转移,该指令还可用于比较大小;DJNZ 指令多用于汇编语言的循环结构程序设计,实验 4 将详细介绍。第 3 类子程序的调用与返回指令,这类指令的作用主要用于主子结构的汇编语言程序设计,这部分的具体内容将在实验 4 中进行具体介绍。

【实验设备和器件】

(1) PC 一台,操作系统为 Windows XP,内存 256 MB 以上,硬盘 10 GB 以上。

(2) Keil μVision2 集成开发环境,并将该软件安装到 PC 上正常工作。

【实验内容】

1. 顺序结构的汇编语言程序设计

已知单片机片内 ROM 的 50H 单元中存储的数据是 27H，请将此数据读入到单片机片内 RAM 的 60H 单元中，然后再从片内 RAM 的 60H 单元中，将这个数据写入到单片机片外 RAM 的 70H 单元中。请设计汇编语言程序，并调试出正确结果。具体调试要求如下。

（1）在 Keil μVision2 集成开发环境中，查询累加器 A、数据指针寄存器（DPTR）、程序计数器（PC）、通用寄存器 R0～R7 以及程序状态字寄存器（PSW）的内容。

（2）在 Keil μVision2 集成开发环境中，在存储器窗口中查询片内 RAM 和片外 RAM 存储单元的值，并给片内 ROM 的 50H 单元赋值为 27H。

（3）使用单步调试的方式来执行程序。在调试过程中，配合观察寄存器和存储器器窗口，检验程序的运行结果是否正确。

（4）连续执行程序，配合观察寄存器和存储器的窗口，检验运行结果是否正确。

实验提示

此题目虽然是比较简单的顺序结构汇编程序设计，不超过 10 条汇编指令就可以设计出来。但是，该题目却包含了 3 类主要的数据传输指令，即 MOV、MOVX 以及 MOVC 指令，而这 3 类指令恰好可以分别实现单片机片内 RAM、片外 RAM 以及片内和片外 ROM 中数据的传输。因此，本题的设计关键在于理解好这 3 类汇编语言指令。

此题目的参考源程序如下：

//——————————————————— T31.asm 汇编程序 ———————————————————
//文件名称:T31.asm
//程序功能:实现片内 ROM、片内 RAM 以及片外 RAM 的存储单元间的数据传送
//编制时间:2010 年 1 月
//——

```
    ORG     0100H                   //定位程序的入口地址
    MOV     A,      #0              //给累加器赋值为 0
    MOV     DPTR,   #50H            //给数据指针寄存器赋值为 50H
    MOVC    A,      @A+DPTR         //使用查表指令,将片内 ROM 中数据读出
    MOV     60H,    A               //将读出的数据送片内 RAM 的 60H 单元中
    MOV     DPTR,   #0070H          //给数据指针寄存器赋值为 0070H
    MOVX    @DPTR,  A               //将累加器 A 的数据送片外 RAM 的 70H 单元
    SJMP    $                       //程序循环等待
    END                             //程序结束
```

//——————————————————— T31.asm 汇编程序结束 ———————————————————

这里要注意，片内 ROM 的 50H 单元的数据，可以通过 Keil μVision2 集成开发环境在运行程序前事先设定好。例如，本题可以在存储器的窗口中输入命令 c:0x50 然后按 Enter 键，在显示出来的存储单元中找到片内 ROM 的 50H 单元，该单元通常默认的值为 00，右击 00 后就会出现一个菜单，选择菜单的最后一项"更新存储器的值"，单击，如图 3.2 所示，在弹出的对话

框中,如图 3.3 所示,输入题目中要求在片内 ROM 的 50H 单元中存放的数值 27H,然后单击"确定"按钮,这时片内 ROM 的 50H 单元的值就设定好了,如图 3.4 所示。

图 3.2　准备修改片内 ROM 的 50H 单元中的数值

图 3.3　修改片内 ROM 的 50H 单元中的数值

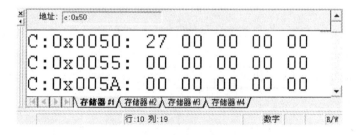

图 3.4　修改后片内 ROM 的 50H 单元中的数值为 27H

2. 分支结构的汇编语言程序设计

请完成如图 3.5 所示的符号函数功能设计。假定已知数据 X,存放在片内 RAM 的 50H 单元(X 的范围是 $-128 \sim +127$),通过符号函数表达式得到的结果 Y,存放在片内 RAM 的 51H 单元,请使用汇编语言的分支结构,根据图 3.6 所示的软件流程图编写程序。注意:在 Keil 软件中,负数使用补码表示,-1 的补码是 0FFH。具体调试要求:

(1) 在 Keil μVision2 集成开发环境中,查询累加器 A、程序计数器(PC)、通用寄存器 R0~R7 以及程序状态字寄存器(PSW)各个标志位的数据。

(2) 在 Keil μVision2 集成开发环境中,查询片内 RAM 的 50H 和 51H 中的数据。

(3) 使用单步调试的方式来执行不同分支的程序。在调试过程中,配合观察寄存器和存储器窗口,检验程序的运行结果是否正确。

(4) 连续执行程序,配合观察寄存器和存储器的窗口,检验运行结果是否正确。

$$Y = \begin{cases} 1, & \text{当 } X > 0 \\ 0, & \text{当 } X = 0, (-128 \leqslant X \leqslant 127) \\ -1, & \text{当 } X < 0 \end{cases}$$

图 3.5　符号函数的表达式

 **实验提示**

通常,符号函数仅仅是一个数学问题,但许多实际的单片机应用问题可以使用它作为数学模型。例如:关于产品的分类、包装、质量的鉴定都可以应用符号函数。如成品打印"1",半成品打印"0",废品打印"-1"等。这里可以使用 JZ、JNB、SJMP 等控制转移类指令,进行合理的搭配组合,从而完成多分支结构的程序设计,但要注意分支结构的执行顺序以及分支结果的保存,不要顺序混乱和结果丢失。另外,还要注意 Keil μVision2 集成开发环境中,负数使用补码来进行表示,调试过程中要特别留心。

程序流程图如图 3.6 所示。

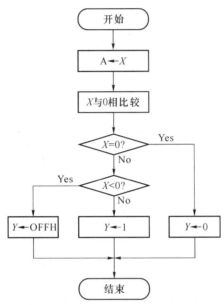

图 3.6 汇编语言程序实现符号函数的软件流程图

3. 选做题

(1) 已知一个两位的十六进制数,存放在单片机片内 RAM 的 30H 单元中,编写程序将这个十六进制数的两位,分别转换成两个 ASCII 码,并依次存放在单片机片内 RAM 的 31H 和 32H 单元中。进行程序设计,并调试出正确的结果。

(2) 请比较两个单字节无符号数的大小,并将大数存入片内 RAM 的 40H 单元中。两个单字节的无符号数(以下简称 X1,X2),分别存放在片内 RAM 以 30H 为起始地址的两个连续内存单元中,其具体的数值可以在运行前随机设置(如 X1=16H、X2=32H 等),使用汇编语言分支结构进行程序的设计,并调试出正确的结果。

【实验报告】

(1) 总结汇编语言的顺序及分支结构程序的设计方法和注意事项。
(2) 写出所做实验的汇编程序,给每行语句加上详细的注释,并画出程序的流程图。
(3) Keil μVision2 集成开发环境如何修改存储单元的内容?
(4) 叙述程序调试过程中遇到的问题以及解决方法,写出本次实验的收获和心得体会。

实验 4　MCS-51 单片机汇编语言编程练习二

【实验目的】

(1) 理解循环结构程序的各个组成部分以及实现循环结构的主要汇编指令；

(2) 掌握循环结构程序的设计思路，以及如何将顺序、分支、循环等多种结构综合起来编程的技巧；

(3) 理解主子结构程序设计的方法以及注意事项，学会进行主子结构汇编语言程序的设计；

(4) 初步掌握较复杂的汇编语言的程序设计。

【预习与思考】

(1) 预习配套理论教材中"循环结构程序设计"的相关内容。

(2) 预习配套理论教材中"主子结构程序设计"的相关内容。

(3) 循环程序一般由哪几部分组成？

(4) 如何使用单片机汇编语言指令，进行循环结构以及主子结构程序的设计？

(5) 堆栈在子程序调用中起什么作用？

【实验原理】

1. 单片机汇编语言循环结构程序设计

在单片机的实际应用中，经常会遇到需要多次重复做的事情，例如单片机控制的温度采集系统需要不间断采集、监测周围环境的温度，再如单片机控制的智能洗衣机总是周而复始地做着相同操作步骤的工作等。这样的单片机控制实例还有很多，通常单片机通过循环结构的程序来处理多次重复做的工作。循环结构的程序一般包括 4 个组成部分。

(1) 循环初始化。位于循环程序的开头，用于做好循环前的准备工作，如设置各工作单元的初始值、数据指针以及控制循环次数的计数器初值等。

(2) 循环体。循环程序的主体，位于循环体之内的是循环结构的工作程序，在执行过程中会被多次重复地运行。这部分程序的编写，要尽可能地简练一些，从而提高循环结构程序的执行效率。

(3) 循环修改。每执行一次循环，就需要进行一次循环计数器的修改，与此同时还要对相关数据以及数据指针进行同步修改，这样才能为下次循环做好准备工作。

(4) 循环的控制。根据循环次数计数器的现行值或其他循环控制条件来进行综合判断，从而控制循环程序的继续运行还是结束运行。

在单片机汇编语言循环结构程序的具体设计过程中,根据实际应用情况,又可以将循环结构分成两种具体的实现模式,即"先执行后判断"的模式和"先判断后执行"的模式,两种工作模式各具特点。其中,"先执行后判断"的模式是先进入循环体进行处理以及循环控制参数的修改,然后再进行循环控制条件的判断;而"先判断后执行"模式,是将循环控制条件的判断放在循环程序的入口处,如果循环控制条件成立则进入到循环体进行程序的处理和循环变量的修改,如果循环条件不成立则直接退出循环体。在这里,需要注意的是对于同样的处理程序,这两种方式的计数器初值设置应该是不同的。两种循环模式的具体处理流程,如图4.1所示。

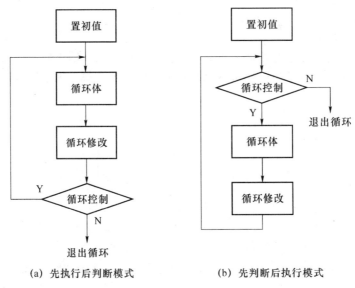

(a) 先执行后判断模式　　　　(b) 先判断后执行模式

图4.1　两种循环结构具体实现模式的流程图

在进行循环结构程序的设计时,最常用的是无条件转移指令以及循环转移指令。其中,前者主要用于实现无限循环结构的程序,例如手机开机后,会处于一种无限循环监测的状态,只要不关机无论何时来电话以及点击手机上的按键,手机都会立刻做出实时反映,原因在于它的监测程序时刻不停地在循环运行着;而后者,循环转移指令经常被用于有条件控制的循环结构程序设计过程中,当满足某种条件时循环程序开始工作,不满足这些条件时循环程序就结束工作。例如,智能足球机器人,当它的红外线摄像头感到前面有障碍物时,它就会做出不同的动作来应对;然而,当它感觉到没有障碍物时,在这种条件下它就不会对障碍物进行任何的操作。对于前面的无条件转移指令,可以使用JMP、LJMP、SJMP以及AJMP,这些指令比较容易理解,这里不详述;而对于循环转移指令,主要使用的是DJNZ指令,这种指令的功能是将操作数减1,结构回送给操作数并进行判断,如果结果不为0,则程序转移到DJNZ指令中的地址标号处,执行新的程序;相反,若减1后的结果为0,则程序不跳转而是顺序执行下一条程序指令。通常,转移的地址使用标号表示,转移的目标地址在$-128\sim+127$的地址范围内。由于该指令每执行1次,操作数减1,因此可以将操作数设置为循环结构程序的控制计数器,从而使DJNZ指令可以同时完成计数器减1和条件判断的功能,所以DJNZ指令经常用于循环结构程序的设计中。

2. 主子结构汇编语言程序的设计

在设计单片机的应用程序时,经常会遇到某些程序段被频繁地调用,例如延时程序、数制与码制的转换程序等。为了避免重复编程,节省程序的存储空间,提高程序的模块化程度,常常把这些反复用到的程序编写成功能独立、结构通用的程序段,称为子程序。把调用子程序的程序称为主程序。在一个完整的程序中,如果既包括主程序又包括子程序,那么称这种程序为主子结构的程序。在 MCS-51 系列单片机的汇编语言中,主程序可以通过指令 LCALL 或者 ACALL 来调用子程序,而子程序通过指令 RET 返回主程序。在进行主子结构的程序设计时,要注意以下几点。

(1) 子程序的第一条指令地址,称为子程序的入口。该指令一般都要安排一个标号,这个标号最好以子程序的功能来命名。

(2) 主程序通过调用指令 LCALL 或 ACALL 来调用子程序,其中 LCALL 的调用距离为 64 KB,ACALL 的调用距离为 2 KB,可以根据主子程序在程序存储器中存放地址的距离,选择使用哪条指令来调用子程序。子程序返回主程序之前,必须执行子程序的最后一条指令 RET,否则程序会出错。

(3) MCS-51 系列单片机能自动保护和恢复主程序调用子程序时所产生的断点地址。当主程序调用子程序时,断点地址进入堆栈,而当子程序结束返回主程序时,断点地址被自动恢复。这里要注意,虽然单片机可以提供断点地址的自动保护和恢复,但是 MCS-51 系列单片机并不提供对通用工作寄存器、特殊功能寄存器以及存储单元中的数据进行自动保护,因此如果在子程序中要继续使用这些寄存器以及存储单元,就必须对它们的内容进行现场保护以及恢复现场的工作,否则原来寄存器和存储单元中的数据可能会被覆盖或者丢失。现场保护和恢复现场原本是刑侦方面的术语,在这里是指单片机使用堆栈操作指令保存和恢复相关寄存器以及存储单元的内容。通常,在子程序的开始处使用进栈指令,将要保护的寄存器和存储单元的数据入栈,而在子程序的指令 RET 返回主程序之前,使用出栈指令还原在堆栈中被保护的寄存器以及存储单元的内容。数据的进栈和出栈还要注意先后顺序,通常单片机的堆栈是先进后出或者叫后进先出。

(4) 在主子结构的程序里,有时在主程序调用子程序的过程中,主程序还会将子程序所需要的一些数据传递给子程序,而子程序通常在返回主程序时,也会将主程序需要的相关数据传递给主程序,这种主子程序间相互传递数据的过程称为参数传递。主程序传递给子程序的数据称为子程序的入口参数;子程序返回给主程序的数据称为子程序的出口参数。通常,参数的传递有以下 3 种方法。

① 使用累加器 A 或通用工作寄存器 R0~R7 进行参数的传递。在这种方法中,当主程序调用子程序时,主程序将要传递给子程序的数据,事先放在累加器或通用工作寄存器中;进入到子程序以后,就可以从这些寄存器中取出相应的数据进行处理;当处理完毕以后,子程序将要返回给主程序的数据,仍然放在累加器或通用寄存器中带回给主程序进一步处理。这种参数传递的方法,程序设计简单、传递速度快,但是传递的参数个数有限,不能太多。

② 通过指针寄存器传递参数。使用这种方法,当主程序调用子程序时,主程序将要传递给子程序的一批数据,事先放在了数据存储器中,同时将要传递数据的存储器首地址存

入到指针寄存器中;当进入到子程序以后,根据指针寄存器存放的地址就可以找到要传递的相应数据。同理,子程序给主程序传递参数也可以使用类似的方法。在单片机中,如果要传递的参数在片内 RAM 中,可以使用通用寄存器 R0 或 R1 作为指针寄存器;如果要传递的参数在片外 RAM 中,可以使用寄存器 DPTR 作为指针寄存器。这种参数传递的方法,可以实现批量数据的传输,但相对前面第 1 种方法速度较慢。

③ 使用堆栈传递参数。使用这种方法来进行参数的传递,当主程序调用子程序时,使用进栈指令将子程序的入口参数压入堆栈;在进入到子程序以后,子程序从堆栈中获得相应的参数进行处理;当子程序返回主程序时,将子程序的出口参数压入堆栈,返回主程序之后,主程序从堆栈中取出相应的子程序出口参数,来做进一步的处理。这种参数传递的方法,节省了工作寄存器的使用,但编程较复杂。

【实验设备和器件】

(1) PC 一台,操作系统为 Windows XP,内存 256 MB 以上,硬盘 10 GB 以上。

(2) Keil μVision2 集成开发环境的安装软件(绿色版本和安装版本均可),并将该软件安装到 PC 上正常工作。

【实验内容】

1. 软件延时的程序设计

在很多单片机应用场合,经常需要进行延时,实现延时的一种方法时通过循环程序来实现,这种延时方法称为软件延时。当单片机应用系统使用的晶振频率是 6 MHz 时,则一个机器周期为 $1/6 \times 12 = 2~\mu s$,已知 1 条 DJNZ 指令执行需要 2 个机器周期即 4 μs,请使用 DJNZ 指令设计 100 ms 左右的延时程序(精确到毫秒级即可),程序流程如图 4.2 所示。具体调试要求如下。

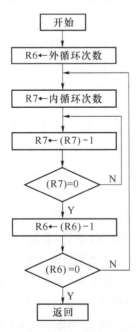

图 4.2 双重循环结构实现 100 ms 延时程序的软件流程图

(1) 在 Keil μVision2 环境中,查询程序计数器(PC)、通用寄存器 R0～R7 及程序状态字寄存器(PSW)的内容,学会观察程序的执行时间。
(2) 使用单步调试的方式来执行程序。在调试过程中,观察每条指令的执行时间。
(3) 连续执行程序,检验程序运行的结果是否正确。

实验提示

对于延时程序的设计,由于单片机每执行一条指令都需要一定的时间,因此由一系列指令组成的一段程序反复循环执行,就可以达到延时的目的,通常将这种使用指令循环执行的程序称为延时程序。例如,当系统使用 6 MHz 晶振时,一个机器周期为 $1/12 \times 6 = 2\ \mu s$,当单片机执行一条双机器周期的指令 DJNZ 时,执行指令的时间为 $4\ \mu s$。因此,执行该指令 25 000 次,就可以延时 100 ms。25 000 次循环可以采用外循环、内循环嵌套的双重循环结构来实现。

此题的参考程序如下:
```
//---------------------- T41.asm 汇编程序 ----------------------
//文件名称:T41.asm
//程序功能:单片机应用系统的晶振频率是 6 MHz,实现 100 ms 延时程序的设计。
//编制时间:2010 年 1 月
//-------------------------------------------------------------
    ORG    0100H          //定位延时程序的入口地址
    MOV    R6,#98         //指令每次执行时间为 2 us
L1: MOV    R7,#0FFH       //指令每次执行时间为 2 us
L2: DJNZ   R7,L2          //指令执行时间 4 us×255 次 = 1 020 us
    DJNZ   R6,L1          //指令共执行时间(2 us + 4 us×255 + 4 us)×98
    INC    A              //指令每次执行时间为 2 us
    END                   //程序结束,合计执行时间约 100 ms
//---------------------- T41.asm 汇编程序结束 ----------------------
```

另外,要理解晶振周期、时钟周期、机器周期、指令周期的含义及其相互换算的关系,因为每条指令的执行时间与该指令的周期相等,而指令周期又是由其他 3 种周期来衡量的。这 4 种周期的换算关系如下:
(1) 1 个指令周期=1 或 2 或 4 个机器周期;
(2) 1 个机器周期=6 个时钟周期;
(3) 1 个时钟周期=2 个晶振周期;
(4) 1 个晶振周期=晶振频率的倒数。

从上面的换算关系可知,1 个指令周期是由 1 或 2 或 4 个机器周期完成的,而 1 个机器周期又等于 6 个时钟周期或者 12 个晶振周期,每个晶振周期等于晶振频率的倒数,因此只要知道晶振的频率以及某条指令执行的机器周期数,就可以算出在该频率下指令的执行时间。与此同时,大家还要注意如何在 Keil μVision2 集成开发环境中,设置单片机的系统时钟频率为 6 MHz。通常,设置 Keil 软件的时钟频率步骤如下:当汇编语言程序编译链接成功后,右击工程窗口中的"目标 1",然后在弹出的对话框中单击"目标'目标 1'属性"选项,于是就会出现如图 4.3 所示的界面,在界面中找到晶振频率,将它的值改为 6.0 即可满足题目的要求。本题使用内、外双重循环结构即可完成,这里注意如果要用汇编语言来实现秒级的延时程序,需要使用三重或更多重循环结构才能完成。

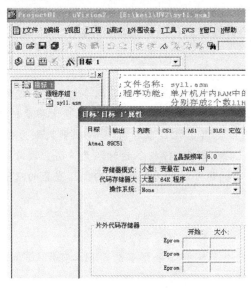

图 4.3 Keil 软件时钟频率的设置图

在延时程序的调试过程中,当循环的次数比较多时,有时使用单步执行的方法来观察准确的延时时间,可能要按成千上万次,这里可以使用快捷键"Ctrl+F10"运行到当前光标处来解决这个问题。如图 4.4 所示,延时程序处于调试状态,这时如果按 F10 来单步执行,需要按上万次,才能看到延时的时间,比较麻烦。这里可以单击指令"INC A"的前面,使光标在该行指令的前面闪动,这时按快捷键"Ctrl+F10"就可以使程序运行到"INC A"指令处停止,如图 4.5 所示。观察图 4.5 的左下方,"sec"的值为 0.100 550,其中 sec 是英文单词"second"的缩写,代表程序执行的时间,单位是秒,因此这个程序当前已经执行的准确时间是 0.100 550 秒即约等于 100 ms。

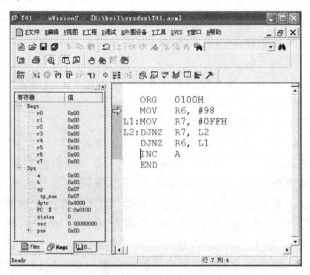

图 4.4 延时程序的调试界面

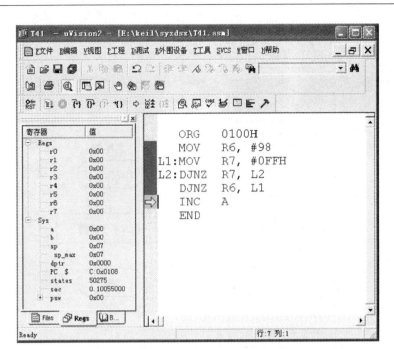

图 4.5　按快捷键"Ctrl+F10"后延时程序的执行结果

2. 求平方和的汇编语言程序设计

请使用汇编语言进行主子结构的程序设计,实现 a^2+b^2。其中,子程序仿照"实验 2"用查表法求平方值来实现,并且已知 a 和 b 分别是片内 RAM 的 60H 和 61H 单元中的数据,a 和 b 的大小范围都在 0~9 之间,两数的平方和保存在片内 RAM 的 6AH 单元中,程序结构和程序流程分别如图 4.6 和图 4.7 所示。具体调试要求如下:

(1) 在 Keil μVision2 集成开发环境中,查询累加器 A、堆栈指针(SP)、数据指针寄存器(DPTR)、程序计数器(PC)以及通用寄存器 R0~R7 的数值。

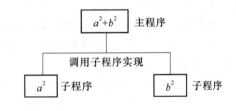

图 4.6　两数求平方和的主子程序调用关系结构图

(2) 在 Keil μVision2 集成开发环境中,在存储器窗口中修改片内 RAM 的 60H 和 61H 单元中的数据,并查看片内 RAM 的 60H 单元中的结果。

(3) 使用不带子程序跟踪功能的单步调试的方式来执行程序。在调试过程中,配合观察寄存器和存储器窗口,检验程序的运行结果是否正确。

(4) 使用带子程序跟踪功能的单步调试的方式来执行程序。在调试过程中,配合观察寄存器和存储器窗口,检验程序的运行结果是否正确。

(5) 连续执行程序,在执行的过程中,配合观察寄存器和存储器窗口,检验程序运行的结果是否正确。

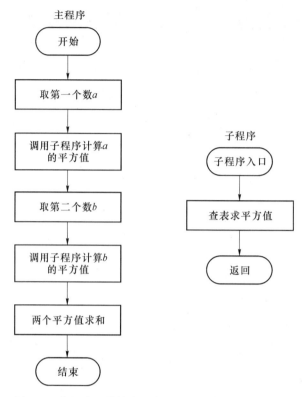

图 4.7 使用主子结构实现求两数平方和的程序流程图

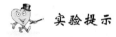 实验提示

使用主子结构求 a 平方加 b 平方的值。参考流程图 4.7 可知,主程序完成取数、存数以及调用子程序的功能,而子程序使用查表法求平方值,可以参考实验 2 中的相关内容加深对查表法的理解。在这里一定要注意,子程序的调用和返回指令,尤其是返回指令 RET 经常容易漏写。注意观察,在子程序调用的前后,堆栈指针(SP)、程序计数器(PC)的变化情况。

3. 选做题

(1) 多个内存单元中的数据求和问题。已知,单片机片内 RAM 的 30H～39H 地址单元中,依次存放了 10 个二进制无符号数据,编写程序求它们的累加和,并将结果保存在片内 RAM 的 60H 和 61H 单元中。

(2) 请使用汇编语言进行主子结构的程序设计,实现 a^3+b^3。其中,子程序使用查表法求平方值和立方值,并且已知 a 和 b 分别是片外 RAM 的 50H 和 51H 单元中的数据,a 和 b 的大小范围都在 0～6 之间,运算结果保存在片外 RAM 的 5FH 单元中。

【**实验报告**】

(1) 通过本次实验,总结汇编语言的循环及主子结构程序的设计方法。
(2) 写出所做实验的程序代码,给每行语句加上详细的注释,并画出程序流程图。
(3) 如何在 Keil μVision2 集成环境下中观察主子程序调用的过程?
(4) 叙述程序调试过程中遇到的问题以及解决方法,写出本次实验的收获和心得体会。

实验 5　MCS-51 单片机 C 语言编程练习一

【实验目的】

(1) 熟悉 C51 语言及特点；
(2) 掌握使用 C51 语言进行顺序、分支、循环结构的程序设计方法；
(3) 熟悉使用 Keil μVision2 集成开发环境仿真调试并行接口应用的方法。

【预习与思考】

(1) 预习本实验原理和配套理论教材中"C51 语言程序设计"的相关内容。
(2) 预习配套理论教材中"C51 程序设计"的相关例程。
(3) C51 与汇编语言相比有哪些优缺点？
(4) 在 C51 程序中如何访问特殊功能寄存器？如何实现对特殊功能位的操作？
(5) 在 C51 程序中如何访问内存单元？
(6) 如何 Keil μVision2 集成开发环境下观察并行接口的变化？

【实验原理】

1. 单片机的 C51 语言简介

通常，将一些能够对 MCS-51 系列单片机进行硬件操作的 C 语言统称为 C51 语言。在众多的 C51 语言中，功能最强、最受用户欢迎的是德国 KEIL 公司的 Keil C51 语言。单片机应用系统的程序设计，既可以采用汇编语言，也可以采用 C51 语言，两者各具特色。其中，汇编语言是一种用助记符来代表机器语言的符号语言。因为它最接近机器语言，所以汇编语言对单片机的操作直接、简捷，编写的程序紧凑、执行效率较高。但是，不同种类的单片机其汇编语言存在一定的差异。在一种单片机上开发的应用程序，通常不能直接应用到另一种单片机芯片上，如果进行程序的移植，难度也比较大。与此同时，汇编语言开发的程序可读性较差，不容易理解，特别是当单片机应用系统的规模比较大时，汇编语言的编程工作量非常大，从而影响应用系统的开发效率。

相对而言，C51 语言恰好可以克服汇编语言的一些缺欠。例如，C51 语言可读性好、可移植性高，与自然语言比较接近，并且相同功能的程序使用 C51 语句的数量要远小于汇编语句。通常，C51 语言的入门学习相对于汇编语言更容易，而且在 C51 语言的程序中还可以嵌套汇编语言，从而满足对执行效率或操作的一些特殊要求。因此在单片机应用系统的开发过程中，C51 语言逐渐成为主要的编程语言。

2. 单片机 C51 语言的数据类型

C51 语言的数据类型，既有与 ANSI C 语言通用的数据类型，也有自己所特有的数据类型。C51 语言的具体数据类型如表 5-1 所示。从表中可以看出 C51 语言增加了 bit、sfr、sfr 16、sbit 四种新的数据类型，分别用于定义二进制变量、特殊功能寄存器变量、16 位特殊功能寄存器变量以及特殊功能位。另外，C51 语言还有自己特有的变量存储类型以及存储模式，这里就不一一详述，具体可以参考配套理论教材的相关内容。

表 5-1 C51 语言所支持的数据类型

数据类型	名称	长度	值域
unsigned char	无符号字符型	单字节	0～255
signed char	有符号字符型	单字节	－128～＋127
unsigned int	无符号整型	双字节	0～65 535
signed int	有符号整型	双字节	－32 768～＋32 767
unsigned long	无符号长整型	四字节	0～4 294 967 295
signed long	有符号长整型	四字节	－2 147 483 648～＋2 147 483 647
float	浮点型	四字节	$\pm 1.75494E-38$～$\pm 3.402823E+38$
bit	位标量	位	0 或 1
sfr	特殊功能寄存器	单字节	0～255
sfr 16	16 位特殊功能寄存器	双字节	0～65 535
sbit	特殊功能位	位	0 或 1

3. C51 语言对单片机的特殊功能寄存器与存储器的访问

C51 语言除了具有特殊的数据类型、存储类型以及存储模式外，C51 语言还可以对特殊功能寄存器(SFR)以及片内或片外的存储器单元进行直接访问。这里的 SFR 是指 MCS-51 单片机的特殊功能寄存器。8051 单片机的 SFR 一共有 21 个，具体如表 5-2 所示。从表中可以看到，这么多的特殊功能寄存器，如果每一个都用数据类型 sfr 定义一遍再使用，就显得比较麻烦。那么如何不用定义，还能在 C51 语言中随时使用这 21 个特殊功能寄存器呢？方法也很简单，只要在每个 C51 程序中包含头文件＜reg51.h＞或者＜reg52.h＞或者＜AT89X51.h＞或者＜AT89X52.h＞中的任意一个，就可以在 C51 程序中任意使用这 21 个特殊功能寄存器。因为在这些头文件中已经将相应的特殊功能寄存器用数据类型 sfr 定义好了，所以当 C51 程序包含了上述的头文件以后就可以直接用 SFR 了，而不必再重新一个一个的来定义这些寄存器了。例如，给特殊功能寄存器 P3 口赋值为 0xff，程序可以这样编写：

```
//----------------------------------------------------------------
#include <reg51.h>    //包含 21 个特殊功能寄存器地址定义的头文件
void main( )
{
    P3 = 0xff;        //给 P3 口赋值为 0xff
```

}
//--

另外,C51 语言还可以直接访问片内或片外的存储单元,这时需要在程序中包含绝对地址访问头文件＜absacc.h＞。这个头文件使得 C51 语言对存储器单元的访问变得更加简便,在＜absacc.h＞头文件中提供了一些对存储单元进行访问的宏定义,具体如下:

(1) CBYTE[data]:该宏定义代表对单片机的片内 ROM 单元进行访问。
(2) DBYTE[data]:该宏定义代表对单片机的片内 RAM 单元进行读写操作。
(3) XBYTE[data]:该宏定义代表对单片机的片外 RAM 单元进行读写操作。

在这里举一个例子:例如要从单片机片内 ROM 的 30H 单元中读出数据,给片内 RAM 的 50H 单元,然后再从片内 RAM 的 50H 单元将该数据写入到片外 RAM 的 ABCDH 单元中。相应的 C51 语言程序可以这样编写:

//--
```
#include    <absacc.h>         //包含绝对地址访问头文件
#define   a   CBYTE[0x30]       //定义片内 ROM 的 30H 单元
#define   b   DBYTE[0x50]       //定义片内 RAM 的 50H 单元
#define   c   XBYTE[0xABCD]     //定义片外 RAM 的 ABCDH 单元
void   main( )
{  b=a; c=b; }                  //各个存储单元间相互赋值
```
//--

表 5-2 8051 单片机的特殊功能寄存器

符号	地址	注释	符号	地址	注释
P0	0x80	并口 P0	IP	0xD8	中断优先控制寄存器
P1	0x90	并口 P1	PCON	0x87	波特率选择寄存器
P2	0xA0	并口 P2	SCON	0x98	串行口控制器
P3	0xB0	并口 P3	SBUF	0x99	串行数据缓冲器
PSW	0xD0	程序状态字	TCOD	0x88	定时器控制寄存器
ACC	0xE0	累加器	TMOD	0x89	定时器方式选择寄存器
B	0xF0	乘除法寄存器	TL0	0x8A	定时器 0 低 8 位
SP	0x81	堆栈指针	TL1	0x8B	定时器 0 高 8 位
DPL	0x82	数据指针低 8 位	TH0	0x8C	定时器 1 低 8 位
DPH	0x83	数据指针高 8 位	TH1	0x8D	定时器 1 高 8 位
IE	0xA8	中断允许控制寄存器			

4. C51 语言对特殊功能位的访问

C51 语言除了可以对特殊功能寄存器进行整体访问以外,还可以对特殊功能寄存器的各个二进制位进行访问。通常把特殊功能寄存器中的各个二进制位,称为特殊功能位。

C51 语言若想对这些特殊功能位进行操作,事先要完成两步工作:第一步,先将特殊功能位所在的特殊功能寄存器进行定义或者在程序中直接包括已经定义了特殊功能寄存器的头文件,例如 reg51.h,建议直接包含头文件;第二步,使用 C51 语言特有的数据类型 sbit 定义特殊功能位,然后用户的 C51 程序就可以对这些特殊功能位进行操作了。在这里举一个例子:例如要对单片机特殊功能寄存器 P1 口的两个特殊功能位进行赋值操作,使 P1.1=0,而 P1.6=1。相应的 C51 语言程序可以这样编写:

```
//------------------------------------------------------------
    #include  <reg51.h>     //包含 21 个特殊功能寄存器地址定义的头文件
    sbit   a = P1^1;        //定义 P1 口的特殊功能位 P1.1 为 a
    sbit   b = P1^6;        //定义 P1 口的特殊功能位 P1.6 为 b
    void   main( )
    {
       a = 0;               //给特殊功能位 P1.1 赋值为 0
       b = 1;               //给特殊功能位 P1.6 赋值为 1
    }
//------------------------------------------------------------
```

【实验设备和器件】

(1) PC 一台,操作系统为 Windows XP,内存 256 MB 以上,硬盘 10 GB 以上。

(2) Keil μVision2 集成开发环境,并将该软件安装到 PC 上正常工作。

【实验内容】

1. 控制并行接口的输出

给特殊功能寄存器和特殊功能位赋值。请使用 C51 语言,给单片机的 P2 口赋值为 0x00,并使 P3 口的特殊功能位 P3.2=0,P3.3=0,P3.6=0,要求在 Keil μVision2 集成开发环境中仿真 P2 口和 P3 口的功能,并看到实际的调试结果。具体调试要求如下:

(1) 在 Keil μVision2 环境中,掌握查看各并行口数据的方法。

(2) 在 Keil μVision2 环境中,如何对并行口的各个二进制位进行赋值和观察。

(3) 使用单步调试的方式来执行程序。在调试过程中,配合观察并口寄存器的窗口,检验程序的运行结果是否正确。

(4) 连续执行程序,在执行的过程中,配合观察并口寄存器窗口,检验程序运行结果。

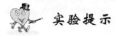
实验提示

此题主要使用 C51 语言,对特殊功能寄存器以及特殊功能位进行赋值。如何在 Keil 软件中仿真调试 4 个并行 I/O 接口,是此题要掌握的一个重要知识点,它将会为以后单片机硬件部分的软件仿真打下基础。此题的参考程序代码如下:

//----------------------------T51.c 程序----------------------------

```
//文件名称:T51.c
//程序功能:给特殊功能寄存器以及特殊功能位赋值
//编制时间:2010年1月
//-----------------------------------------------
  #include  <reg51.h>        //包含定义51单片机寄存器的头文件
  sbit    a = P3^2;          //定义P3口引脚P3.2
  sbit    b = P3^3;          //定义P3口引脚P3.3
  sbit    c = P3^6;          //定义P3口引脚P3.6
  void    main( )            //主函数
  {
    P2 = 0x00;               //给P2口赋值为00
    a = 0;  b = 0;  c = 0;   //P3.2、P3.3、P3.6引脚赋值为0
  }
//---------------------- T51.c 程序结束 ----------------------
```

在这里,对如何使用 Keil μVision2 集成开发环境仿真调试 P0～P3 四个并行 I/O 口进行简要的介绍。当在 Keil 环境中把程序编写完毕以后,并编译为 0 个错误 0 个警告时,单击"调试菜单"下的"开始/停止调试"选项,这时进入到调试环境。若想观察 P0～P3 这 4 个并行口的软件仿真结果,首先需要将这 4 个并行口打开,可以单击"外围设备"菜单下的"I/O-Ports"选项,该选项会指示出 Port 0～Port 3 也就是单片机的 P0～P3 口,具体如图 5.1 所示。由于本实验只使用 P2 和 P3 口,因此单击 Port 2 和 Port 3 就会显示 P2 和 P3 口的当前状态,如图 5.2 所示。从图 5.2 中可以看出,P2 和 P3 口的初始默认值都为 0xff。这里有个小技巧,每个并行口都有 8 个特殊功能位,例如 P2 口的 8 位是 P2.0～P2.7,它们在图 5.2 中用小方格依次从右向左排列,其中最右侧的小方格代表 P2.0,最左侧的小方格代表 P2.7,8 个二进制位的值就是整个 P2 口的值,而每个二进制位的值可以通过它们各自小方格的状态看到。当小方格的下面画的是"对号"时,代表相应的二进制位为 1,由于 4 个并行口初始状态时,8 个小方格都是"对号",所以每个并口的初始值都是 0xff;当相应二进制位下的小方格状态为"空白"时,那么这个小方格对应的二进制位就是 0,如果 8 个小方格的状态都为空白,则整个并口的值为 00。

当从图 5.2 中看到 P2 和 P3 口的初始状态都为 0xff 时,接下来可以按快捷键 F10 来单步执行程序,边按 F10 快捷键时,要边看 P2 和 P3 口的状态是否按照程序的设计要求进行了相应的改变。一直按 F10 键,直到程序单步执行完毕,这时执行的结果如图 5.3 所示。从图中可以看出,P2 口的 8 个小方格都是"空白"状态,因此 P2 口的值为 0x00,而从下面的 P3 口也可以看到 P3.2、P3.3 以及 P3.6 的小方格状态都是空白的,所以它们的值是 0,其他各个二进制位的状态是 1。综上所述,从图 5.3 中可以看出此时 P2=0x00,P3.2=0,P3.3=0,P3.6=0,满足题目的要求。至此,已经将 Keil μVision2 集成开发环境下如何仿真 4 个并行口的方法介绍完毕,希望大家多练习,全面掌握。

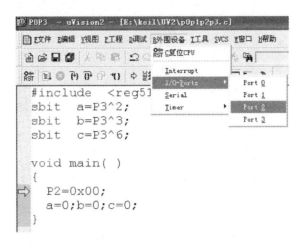

图 5.1 并行口 P0～P3 在 Keil μVision2 集成开发环境中的打开方式

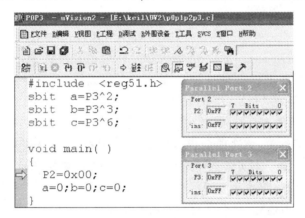

图 5.2 并行口 P2 和 P3 的初始值

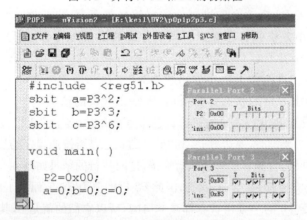

图 5.3 并行口 P2 和 P3 的执行结果图

2. ASCII 值转换为十六进制数

已知,一个十六进制数的 ASCII 值,存放在片内 RAM 的 30H 单元,请把这个数的十六进制表示方式存于片内 RAM 的 31H 单元中,程序流程如图 5.4 所示。编写和运行调试该程序。

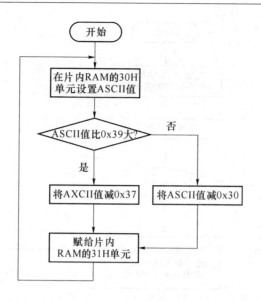

图 5.4 ASCII 值与十六进制数转换的程序流程图

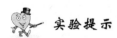 **实验提示**

本题主要是对 ASCII 值与十六进制数之间进行转换,同时加强 C51 语言的分支结构程序设计。对于十六进制数中 0~9 的 ASCII 值比十六进制数本身大 30H,而十六进制数中 A~F 的 ASCII 值比十六进制数本身大 37H,只要掌握好这些对应关系,使用 if-else 语句这道题目就很容易完成。

3. 数据块传送

请使用 C51 语言,将片内 RAM 的 20H~29H 单元中的数据,传送给片外 RAM 的 ABC0H~ABC9H 单元,软件流程如图 5.5 所示。具体程序的调试要求如下:

(1) 在 Keil μVision2 环境中,打开片内 RAM 和片外 RAM 的存储器窗口。

(2) 在 Keil μVision2 环境中,如何给片内 RAM 的 20H~29H 单元同时赋值。

(3) 使用单步调试的方式执行程序,配合观察存储器窗口,检验程序运行结果是否正确。

(4) 连续执行程序,在执行的过程中,配合观察存储器窗口,检验程序运行结果。

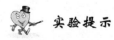 **实验提示**

此题主要练习对片内和片外 RAM 单元的理解,以及如何查询、修改片内外 RAM 单元中所存储的数据,同时练习 C51 语言的循环结构程序设计。这里需要注意循环变量的数据类型,当控制循环次数的变量类型为无符号字符型即 unsigned char 类型时,它的大小范围在 0~255 之间,因此这时不要在 for 循环中使循环变量的值小于等于 256,否则会产生无限循环,导致程序无法正常运行。

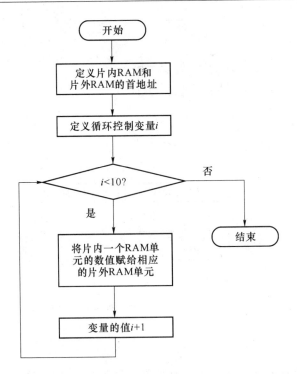

图 5.5　片内和片外存储单元中块数据的传送程序流程图

4. 选做题

(1) 存储单元数据的相互传送。请使用 C51 语言,将单片机片内 RAM 的 32H 单元的数据与片外 RAM 的 6DH 单元的数据相加,结果保存在片外 RAM 的 50H 单元,然后再将片外 ROM 的 1234H 单元的数据与片内 RAM 的 66H 单元的数据相减,结果保存在片内 RAM 的 36H 单元中。

(2) 有符号数比较大小。假设在片内 RAM 的 3AH 单元中,存储的有符号数据是 m,在片外 RAM 的 9ABDH 单元中存储的有符号数据是 n,试比较这两个数的大小,并将大数保存在片内 RAM 的 6FH 单元中。

(3) 对片外 RAM 单元进行数据传输。请先将片外 RAM 的 8000H~80FFH 单元中的数据清零,然后再把数值 00H~FFH,赋给上面的 256 个外存单元。

【实验报告】

(1) 通过本次实验,总结 C51 语言的程序设计方法。
(2) 写出所做实验的 C51 程序,给每行语句加上详细的注释,并画出程序流程图。
(3) 如何在 Keil μVision2 集成开发环境下观察变量以及存储单元的数据变化情况?
(4) 如何在 Keil μVision2 集成开发环境下观察并行接口的变化情况?
(5) 叙述程序调试过程中遇到的问题以及解决方法,写出本次实验的收获和心得体会。

实验 6　MCS-51 单片机 C 语言编程练习二

【实验目的】

(1) 了解单片机软硬件结合解决应用问题的方法；

(2) 掌握用 C51 语言对并行接口输入和输出编程的方法；

(3) 掌握在 Keil μVision2 集成开发环境下，对具有并行接口操作的应用程序进行仿真调试的方法。

(4) 进一步掌握 C51 程序设计方法。

【预习与思考】

(1) 预习配套理论教材中"C51 程序设计"的相关内容，特别是 C51 语言对单片机的硬件控制方法。

(2) 预习配套理论教材中"C51 程序设计"的相关例程，并结合硬件电路进行分析。

(3) 如何将一个开关量信号输入单片机？

(4) 如何使用 C51 语言对单片机的并行接口的输入输出应用程序的设计。

【实验原理】

ANSI C 语言对硬件进行控制比较困难，而 C51 语言对单片机的硬件控制相对容易，而且效率较高，这是为什么呢？原来在 C51 语言的系统程序中，提供了很多对单片机硬件的软件定义，这样就很方便地把单片机内部看不到的抽象硬件，使用具体的软件符号表示出来了，从而通过对定义部分软件的操作来实现单片机内部硬件的各种工作。例如，在<reg51.h>头文件中，就把 21 个特殊功能寄存器以及它们的特殊功能位都定义出来了，这样无论是对特殊功能寄存器还是特殊功能位的操作，都很容易编程实现。

【实验设备和器件】

(1) PC 一台，操作系统为 Windows XP，内存 256 MB 以上，硬盘 10 GB 以上。

(2) Keil μVision2 集成开发环境，并将该软件安装到 PC 上正常工作。

【实验内容】

1. 单片机控制 LED 小灯循环点亮

使用 AT89C51 单片机设计一个最小系统，单片机的 P1 口作为输出口，外接 8 个 LED

小灯,编写 C51 程序,使小灯循环点亮,硬件电路如图 6.1 所示。具体程序的仿真调试要求如下:

(1) 在 Keil μVision2 集成开发环境中,观察 P1.0~P1.7 引脚的变化情况,判断小灯亮灭。

(2) 在 Keil μVision2 集成环境中,观察 LED 和变量 i 的变化情况,理解移位操作。

(3) 单步调试程序,配合观察 P1 口管脚的变化情况,检验程序运行结果是否正确。

(4) 连续执行程序,在执行的过程中,检验程序运行结果。

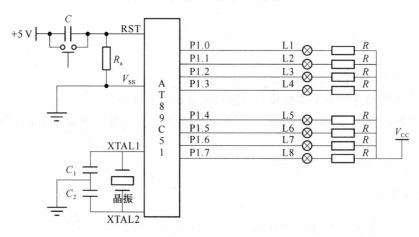

图 6.1 循环点亮 LED 小灯的硬件电路图

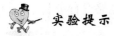 **实验提示**

此题主要通过 C51 语言的软件程序来模拟实现硬件的功能,从而循环点亮 LED 小灯,这里要注意使用 Keil 软件模拟硬件的调试技巧,可以参考实验 5 的相关内容。同时,在点亮 LED 小灯的过程中需要调用延时子程序,以保证硬件有足够时间使小灯点亮或熄灭。另外,在编写程序时,P1 口的字母 P 一定要大写。程序的调试结果如图 6.2 所示。此题的参考源代码如下:

```
//------------------------------T61.c 程序-------------------------
//文件名称:T61.c
//程序功能:循环点亮 LED 小灯
//编制时间:2010 年 1 月
//---------------------------------------------------------------
    #include <reg51.h>          //包含定义 51 单片机寄存器的头文件
    void delay( );              //声明延时子程序
    void main( )                //主程序
    { unsigned char i,LED;      //定义无符号字符型变量 i 和 LED
        while(1)                //循环点亮小灯
        {
            LED = 0xfe;         //给变量赋初值 0xfe
```

```
    for(i = 0;i<8;i++)           //for循环依次点亮8盏小灯
    {
      P1 = LED;                  //将变量LED的值赋给P1口,点亮相应的小灯
      LED<< = 1;                 //变量LED的值左移1位
      LED = LED + 1;             //变量LED的值加1
      delay( );                  //调用延时子程序,使小灯保持点亮一段时间
    }
  }
}
void delay()                     //延时子程序
{
  unsigned   int   j;            //定义无符号整型变量j
  for(j = 0;j<20000;j++);        //for循环进行延时
}
//----------------------------T61.c程序结束-----------------------
```

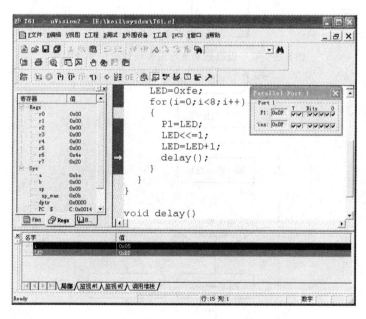

图6.2 循环点亮小灯的程序仿真调试结果

2. 数据采集与报警

请根据下面的要求,参考硬件原理图6.3以及程序流程图6.4设计一个单片机最小系统。要求从并行口P3输入8位二进制无符号整数。单片机对所输入的数据进行判断,如果输入的数据小于32,则使P1.0为低电平,并且控制低限报警的指示灯亮;如果输入的数据大于192,则使P1.1为低电平,控制高限报警指示灯亮,设计C51程序并进行仿真调试。

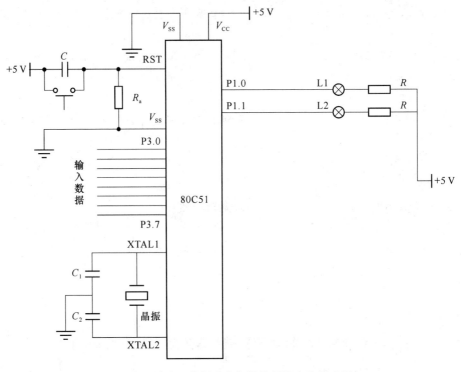

图 6.3 单片机数据采集与报警硬件电路原理图

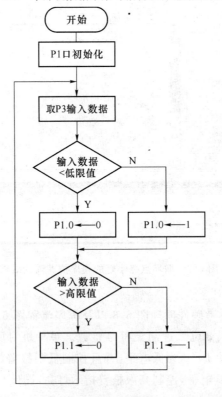

图 6.4 单片机数据采集与报警的程序流程图

 **实验提示**

此题是在单片机最小系统的基础上,增加了应用系统的输入和报警输出功能,C51 程序可以采用分支结构进行设计。这里要注意,对并行口 P3 输入数据的读取与判断,同时也要理解 P1.0 和 P1.1 引脚发出低电平时,报警小灯闪亮的电路原理。此题在 Keil μVision2 集成开发环境下的仿真结果如图 6.5 所示。

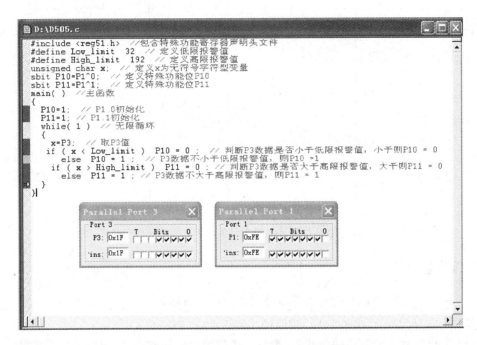

图 6.5 单片机数据采集与报警程序的仿真结果

3. 选做题

(1) 请设计一个单片机的最小系统,有一个按钮开关连接到并口的一个引脚,要求单片机接收开关动作信号并进行计数,按钮每按一次单片机的计数值就会加 1,计数的结果通过并口输出来控制 4 个小灯的亮灭。在这里,4 个小灯亮灭所形成的二进制数表示单片机计数的结果,当单片机的计数值达到 15 时,计数器将被清 0,准备重新进行计数,硬件电路如图 6.6 所示。编写 C51 程序并进行仿真调试。

(2) 请设计一个单片机控制流水灯的应用系统,具体要求如下:设置 3 个开关 K0、K1、K2,当 K0 合上时,8 个小灯都亮;当 K1 合上时,8 个小灯先从左到右逐个点亮,然后再从右到左逐个点亮,接着反复循环执行上述动作;当 K2 合上时,8 个小灯都灭。使用 Keil 集成开发环境调试该程序,并将运行结果进行截图。制作应用项目文档,包括设计思想说明、硬件电路图、软件程序流程图、程序清单、运行结果截图以及还存在的问题和解决方案。

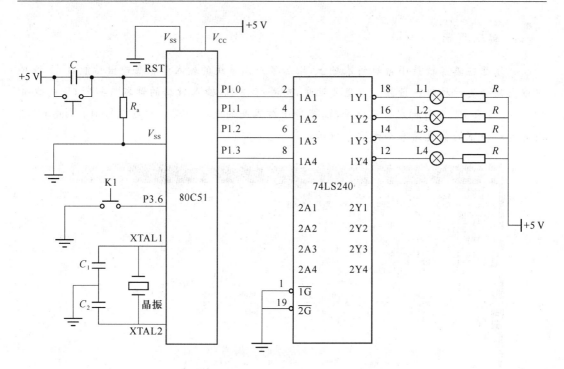

图 6.6 使用 LED 小灯进行计数结果表示的硬件电路图

【实验报告】

(1) 说明利用单片机实现开关量信号输入输出的方法;

(2) 总结应用 C51 编制对并行接口操作的程序设计方法;

(3) 写出所做实验程序的源代码,给每行语句加上详细的注释,并画出程序流程图;

(4) 叙述程序调试过程中遇到的问题以及解决方法,写出本次实验的收获和心得体会。

实验 7 单片机控制流水灯实验

【实验目的】

(1) 学会 51 系列单片机在最小系统应用模式下并行 I/O 接口的使用方法；

(2) 掌握运用单片机的并行 I/O 接口实现输出开关量控制信号的方法；

(3) 初步掌握单片机简单应用系统的开发方法。

【预习与思考】

(1) 预习本实验原理及理论教材中"MCS-51 单片机的并口"的相关内容。

(2) MCS-51 单片机有几个并行接口？在最小系统应用模式和和总线扩展应用模式下它们各有什么用途？

(3) 如何使用 MCS-51 单片机的并口引脚控制 LED 小灯的亮灭？请画出电路图。

(4) 在使用 MCS-51 单片机的并口引脚输出开关量控制信号时，什么情况下需要外接上拉电阻？输出的功率有无限制？

(5) 一个实际的单片机简单应用系统的开发需经过哪些步骤？

【实验原理】

1. 单片机并口的应用简介

单片机的并行 I/O 接口，简称为单片机的并口，是指单片机芯片提供的并行输入/输出接口。在典型的 51 系列单片机芯片中，并行 I/O 接口管脚占据了芯片管脚数量的 80%，即有 32 个管脚作为并口管脚。因此，并行 I/O 接口是单片机硬件应用系统的设计基础，也是单片机入门学习的主要内容。51 系列单片机总共有 P0、P1、P2、P3 四个并行接口，每个并行接口有 8 个管脚。这四个并行接口不仅可以作为 8 位并行数据输入/输出接口使用，而且每个引脚还可以作为开关输入/输出信号单独使用。单片机的并行 I/O 接口除了用于上述的输入/输出控制功能外，还可以作为地址总线、数据总线以及第 2 功能管脚来使用。例如，在单片机外扩存储器的应用系统中，使用 P0 口作为数据总线或者地址总线的低 8 位，使用 P2 口作为地址总线的高 8 位。再例如，P3 口的管脚通常都具有第 2 功能，可以实现定时/计数、中断、串口等一些特殊功能。本次实验，主要使用的是并行 I/O 接口的输入/输出控制功能。

在使用并行 I/O 接口进行输入/输出的控制过程中，需要特别注意：当 P0 口作为输出控制管脚时，它的输出驱动级是漏极开路的，因此需要外接上拉电阻。如图 7.1 所示，以 P0.0 管脚控制发光二极管为例，图中 V_{CC} 代表直流正 5 V 电压，上拉电阻的大小通常为

10 kΩ左右,限流电阻的大小为 220 Ω。当图中 P0.0 管脚输出低电平时,发光二极管会被点亮,而当 P0.0 管脚输出高电平时,发光二极管熄灭。在这个过程中,注意上拉电阻不能缺少。

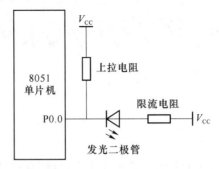

图 7.1　P0.0 管脚外接上拉电阻控制发光二极管的原理图

通常单片机的并行口作为输入管脚使用时,可以连接 1 个或多个开关、按键来给单片机芯片输入相应的数据;作为输出管脚时,可以控制发光二极管、蜂鸣器等产生声、光信号,也可以在输出管脚处通过驱动芯片连接较大功耗的设备。如图 7.2 所示是单片机并行 I/O 接口进行输入/输出控制的原理图。从图 7.2 中可以看到:对于左侧的输入部分,K1、K2 属于开关输入,当开关未闭合时,输入 P3.0 和 P3.1 管脚为高电平,当开关闭合时,输入为低电平;K3、K4 属于按键输入,当按键未按下时,输入 P3.2 和 P3.3 管脚为高电平,当按键按下时,输入为低电平;K5 属于拨码开关输入,当拨码开关闭合时,P1.0～P1.7 均被输入低电平;对于右侧的输出部分,当 P0.0 输出低电平时发光二极管亮,高电平时熄灭;当 P3.5 发出低电平时蜂鸣器响,高电平时不响;对于一些功耗较大的设备,往往需要驱动电路。

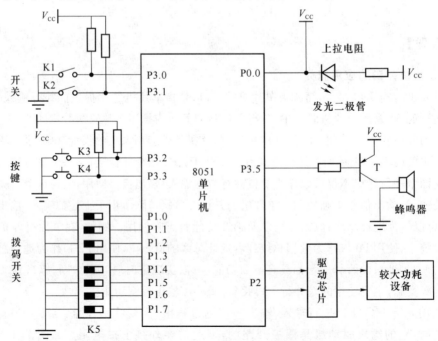

图 7.2　单片机并行 I/O 接口输入/输出控制的原理图

2. 单片机开发板的使用步骤

从本次实验开始,所设计的单片机应用系统程序,不仅要在 Keil μVision2 集成开发环境下软件仿真调试成功,而且还要将软件仿真调试成功的单片机可执行文件(.hex 文件),下载到单片机芯片中,并使它能在实际的单片机应用系统中运行出正确的结果。由于单片机本身不具有自主开发能力,因此需要使用普通计算机作为单片机软件程序开发的载体,构成"宿主机+目标板"的开发方式。通常使用 PC 作为宿主机,而单片机开发板称为目标机。宿主机和目标机之间一般通过串口相连,当宿主机成功编译并产生.hex 文件时,就通过串口线下载到单片机的芯片中并执行.hex 文件。图 7.3 所示为本书使用的开发板与 PC 构成的开发系统。单片机开发板实物图如图 7.4 所示。

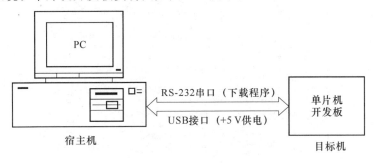

图 7.3 单片机应用系统的开发系统

图 7.4 单片机开发板的实物图

下面将简要介绍该单片机开发板的使用步骤以及注意事项:

(1) 单片机开发板的硬件准备:将单片机开发板的串口线与 PC 的串口 1 相连,并将开发板的 USB 接口线与 PC 的 USB 接口连好(单片机开发板的 5VDC 供电来自 PC 的 USB 接口);检查单片机芯片的位置是否正确,应将芯片的缺口方向朝着"8"字形的数码管,并将锁紧插座锁好;检查晶体振荡器是否安装好,注意晶振插座有 3 个孔,这里只插两侧的两个孔,方向任意,晶振的大小为 11.059 2 MHz。**注意:此时,不要把开发板的电源开关打开,如果电源开关的指示灯已经亮了,请立即关闭。**

(2) 输入和编译程序并生成.hex 文件:阅读题目的要求,根据开发板上所提供的硬件资源和题目要求设计编制程序,在 Keil μVision2 集成开发环境下输入和编译程序并生成.hex文件。这里的.hex 文件,实际是一种用十六进制数来描述的程序可执行机器代码。

(3) 启动单片机开发板的下载程序:双击桌面上开发板的可执行程序图标 STC-ISP V391,会出现如图 7.5 所示的单片机开发板下载程序界面。

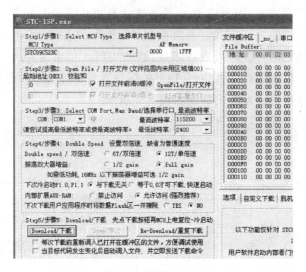

图 7.5　单片机开发板的下载程序界面

(4) 正确设置 STC-ISP 软件:在图 7.5 中,按照界面上的步骤 1～5 进行设置。首先,设置步骤 1 的单片机类型,此开发板使用的是 STC 单片机,具体型号是 STC89C52RC,类似 AT89C52 单片机,有关 STC 单片机的具体介绍见附录部分。其次,"AP Memory"是指该芯片的内存大小和起止地址,根据器件型号会自动更改,不需要大家填写。其次,在图中步骤 2 处,单击"OpenFile/打开文件"按钮,选择上面(2)中生成的.hex 文件后单击"打开"按钮,如图 7.6 所示。第三,在图 7.5 中的步骤 3 处,选择 COM1 即 PC 通过 COM1 将.hex 文件下载到开发板的单片机芯片中,串口的通信速率通常最高为 115 200,最低为 2 400。第四,在步骤 4 中按照图 7.5 所示的默认设置即可,不需要重新更改默认的设置。

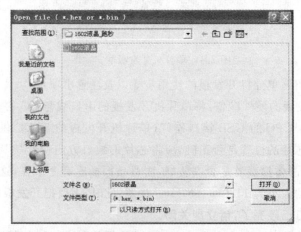

图 7.6　打开已经编译好的.hex 文件界面

(5) 下载.hex 文件并执行：在设置好 STC-ISP 软件并已经打开.hex 文件以后，可以单击图 7.5 中的"Download/下载"按钮，单击完按钮大约 10 s 后，会出现"仍在连接中，请给 MCU 上电"的中文提示，此时需要将开发板的电源开关打开。当电源开关打开后，可执行文件.hex 就会自动地从 PC 下载到开发板的单片机芯片中。下载.hex 文件的过程中，下载小灯会不断地闪动，表示有数据在传输。当下载小灯停止闪动时，表示程序下载完毕，然后可执行文件就会在开发板上自动运行了。此时，注意观察开发板上相应硬件的执行情况，如果不满足题目要求，则返回上面的(2)修改程序，以及重新下载运行。

至此，已将单片机开发板的下载步骤简介完毕，有关开发板更详细的描述请见附录部分。另外，在使用此开发板时，还有如下注意事项：(1)开发板的电源，在单击图 7.5 中的"Download/下载"按钮之前一直是关闭的，如果已打开，需要及时关闭，否则不能正确下载程序；(2)程序执行完，需要关闭电源，如果再次打开电源，至少需要间隔 5 s；(3)在通电过程中，不要用手或者导体触摸任何芯片管脚以及开发板上的其他电路，否则会造成开发板或 PC 的损坏，甚至会触电；(4)实验中，如果有硬件问题，及时报告指导教师。

【实验设备和器件】

(1) PC 一台，操作系统为 Windows XP，内存 256 MB 以上，硬盘 10 GB 以上。
(2) Keil μVision2 集成开发环境的安装软件，并将该软件安装到 PC 上正常工作。
(3) 单片机应用系统开发板一个，开发板上配有进行单片机实验所必需的各种硬件资源，同时需要与 PC 相连的串口线和 USB 连接线各一条。

【实验内容】

1. 单片机控制流水灯

如图 7.7 所示，设计一个单片机的最小系统，并使用单片机的 P0 口控制 8 个发光二极管的 LED 小灯，当该单片机应用系统上电后，8 个小灯依次循环点亮，形成流水灯的效果，使用 C51 语言编程。具体要求如下：

(1) 在 Keil μVision2 集成开发环境中，使用 C51 语言编程实现单片机对流水灯的循环点亮控制，进行软件仿真以及实际硬件的运行调试；

(2) 在软件仿真的过程中，结合 Keil μVision2 集成开发环境的变量监测窗口以及并行 I/O 接口的观察窗口，使用单步调试的方式来仿真执行程序，以便深入理解硬件原理以及程序的执行过程。

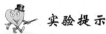 **实验提示**

从图 7.7 中可以看到，单片机使用并行口 P0 来控制 8 个流水灯。为了使 8 个小灯依次循环被点亮，要给 P0 口的 8 个管脚依次循环赋值为低电平，而发光二极管的正极端，通过三极管 SS8550 连接到 +5 V 直流电源 V_{cc}，因此这里的三极管起到了开关的作用。只要单片机的 P1.4 管脚输出为低电平；三极管就会被导通，+5 V 直流电就会加在 8 个发光二极管的正端，此时只要使 P0 口的相应管脚为低电平，对应连接的小灯就会发光。需要注意，P0 口要接上拉电阻。为了便于初学者的学习，给出使用循环结构设计此题的 C51 语言程序源代码(顺序结构请大家独立来设计)，具体的源程序代码 T71.c 如下：

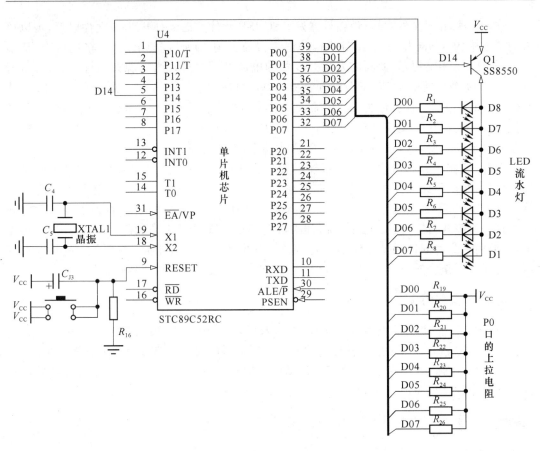

图 7.7 单片机控制流水灯循环点亮的电路图

```
//-------------------------- T71.c 程序 --------------------
//文件名称:T71.c
//程序功能:单片机的 P0 口控制 8 盏流水灯依次循环点亮
//编制时间:2010 年 2 月
//-----------------------------------------------------------
    #include  <AT89x52.h>        //包含单片机芯片使用的头文件
    sbit   SJ = P1^4;            //定义 P1.4 管脚来控制三极管的基极

    void delay(unsigned int z)   //约为 1 ms 的延时程序,晶振 11.059 2 MHz
    {
     unsigned int x, y;
      for( x = z; x>0; x-- )
        for( y = 115; y>0; y-- );
    }

    void main( )
```

```
{
    unsigned char i,LED;            //定义无符号字符型变量 i 和 LED
    SJ = 0;                         //给 P1.4 管脚赋值为低电平,使三极管导通
    while(1)                        //循环点亮流水灯
    {
        LED = 0xfe;                 //给变量 LED 赋初值为 0xfe
        for(i = 0;i<8;i++)          //依次循环点亮 8 盏小灯
        {
            P0 = LED;               //将变量 LED 的值赋给 P0 口
            LED<< = 1;              //将 LED 的值左移 1 位,最低位补 0 对齐
            LED = LED + 1;          //将 LED 的值加 1
            delay(200);             //使小灯保持一定时间的亮度,延时 200 ms
        }
    }
}
//------------------------- T71.c 程序结束 -------------------
```

在这里需要注意,当进行 C51 程序的软件仿真时,不仅需要观察并行 I/O 接口的状态,有时还要监测 C51 程序中变量的数值。那么如何使用 Keil μVision2 集成开发环境来观察 C51 程序中的变量呢?例如,想在 Keil μVision2 集成开发环境中,实时观察上面程序中的变量 i 和 LED 的数值,可以这样操作:当程序处于 0 错误 0 警告时,单击"调试"菜单下的"开始/停止调试"选项,使程序进入到调试状态,此时首先打开并行 I/O 接口的 P0 和 P1 观察窗口,具体步骤见前面的实验 5。打开后,如图 7.8 所示。此时,单击"视图"菜单下的"监视 & 调用堆栈窗口"选项,如图 7.9 所示。单击后,会在 Keil μVision2 集成开发环境的下面出现变量监测窗口,不断按下 F10 就会看到变量 i 和 LED 的变化情况,如图 7.10 所示。

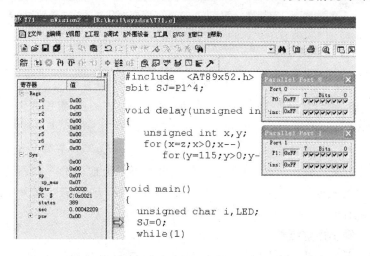

图 7.8 进入调试状态并打开 P0 和 P1 观察窗口的界面

图 7.9 选择打开监测变量的菜单项窗口

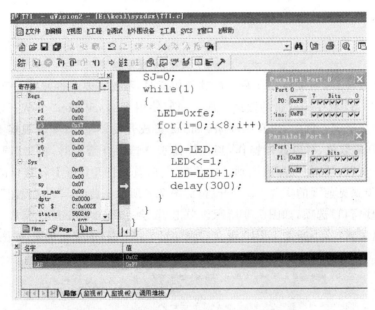

图 7.10 监测变量数值变化的窗口界面

另外,在电路中使用 STC89C52RC 单片机,在 Keil μVision2 集成开发环境中建立工程时,需要选择"AT89C52"类型的单片机来代替 STC89C52RC 单片机。因为 STC 系列单片机出现的时间较晚,所以 Keil μVision2 集成开发环境中没有该系列的单片机,需要选择 AT 系列的单片机来代替。同时,电路中的单片机也可以换成 AT 等系列的单片机。本次实验的单片机开发板使用的是基于 STC 单片机的开发板,有关 STC 单片机开发板的具体硬件介绍以及操作步骤,请参考本书的附录部分。

2. 模拟红、绿交通灯控制

如图 7.11 所示,有一个十字路口,其南北方向有两个交通灯甲和乙,东西方向也有两个交通灯丙和丁,请协助交警设计一个单片机的小系统,来模拟控制这个十字路口的 4

组交通灯。假设每个交通灯只有红、绿两种状态,并且使用单片机的 P0 口来控制,具体电路如图 7.12 所示,请使用 C51 语言编程。具体要求如下:

(1) 在 Keil μVision2 集成开发环境中,使用 C51 语言编程实现单片机对交通灯的模拟控制。假设南北方向比东西方向交通流量大得多,因此甲、乙两组交通灯的红灯亮 5 s,绿灯亮 15 s,而东西方向恰好相反,红灯亮 15 s,绿灯亮 5 s,以此时间规律不断循环,要求进行软件仿真及实际硬件的运行调试;

(2) 在软件仿真的过程中,结合 Keil μVision2 集成开发环境的变量监测窗口以及并行

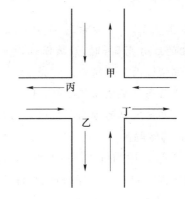

图 7.11 十字路口的交通灯位置示意图

I/O 接口的观察窗口,使用单步调试的方式来仿真执行程序,深入理解硬件原理以及程序的执行过程。

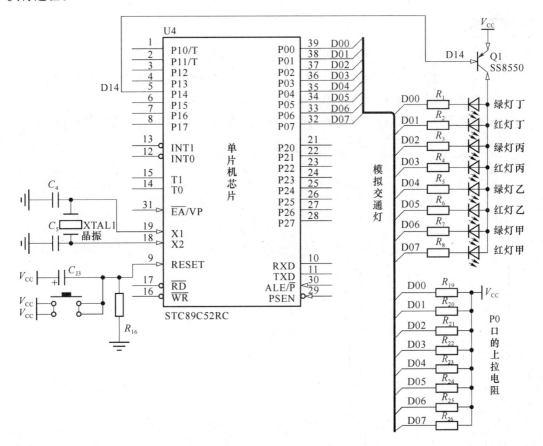

图 7.12 单片机控制交通灯的电路图

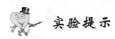 **实验提示**

从图 7.12 中可以看到,单片机使用并行口 P0 来控制甲、乙、丙、丁 4 组交通灯。当甲、乙两组的红灯亮 5 s 时,应该保证丙丁两组的绿灯亮 5 s;同理,当甲、乙两组的绿灯亮 15 s 时,应该保证丙丁两组的红灯亮 15 s。这样就可以有效地控制南北方向和东西方向的道路情况,从而保证交通比较顺畅。C51 程序的设计过程中,要注意 5 s 和 15 s 的延时子程序设计,并且要把道路的方向和交通灯的控制管脚区别好,不要引起混淆。

3. 选做题

(1) 请使用"面包板"以及必要的元器件,独立搭建实验内容 1 的实际硬件电路,并下载、调试相应的 C51 程序,检验硬件的运行结果是否正确。

(2) 请根据实验内容 2,在模拟交通灯系统中,再增加 4 盏黄灯,它们分别使用 P1.0～P1.3 管脚来进行控制,要求甲、乙两组交通灯的红灯亮 5 s,绿灯亮 15 s,黄灯亮 1 s,而东西方向的红灯亮 15 s,绿灯亮 5 s,黄灯亮 1 s。请设计硬件电路以及 C51 程序,并进行相应的软、硬件调试。

【实验报告】

(1) 总结单片机控制流水灯的软、硬件设计原理与方法;

(2) 写出所做实验程序的源代码,给每行语句加上详细的注释,并画出程序流程图;

(3) 总结实际的单片机简单应用系统的开发步骤;

(4) 叙述程序调试过程中遇到的问题以及解决方法,写出本次实验的收获和心得体会。

实验 8 数码管显示实验

【实验目的】

(1) 了解"8"字形 LED 数码管的基础知识和工作原理；
(2) 掌握单片机控制数码管的静态显示和动态显示的工作原理以及软、硬件设计方法；
(3) 进一步掌握的单片机简单应用系统的开发方法。

【预习与思考】

(1) 预习本实验原理及理论教材中"八段式"LED 数码管的相关内容。
(2) "八段式"LED 数码管是如何实现字符显示的？
(3) 什么是数码管的静态显示方式？什么是数码管的动态显示方式？两者有何区别？
(4) 单片机是如何控制数码管来实现字符显示的？

【实验原理】

1. "8"字形 LED 数码管的基础知识

"8"字形 LED 数码管,也称为"八段式"LED 数码管,即每个数码管上是由八段发光二极管所组成的。"八段式"LED 数码管是单片机常用的显示输出设备之一,它是基于 LED 的基本原理进行工作的。LED(Light Emitting Diode)即发光二极管,具有单向导电性能,当给 LED 一端接+5 V 直流电,另一端接地时,就会发光。目前,主要有红、黄、绿、蓝、白等颜色的发光二极管。

"八段式"LED 数码管,如图 8.1 所示,分为 a、b、c、d、e、f、g、dp(decimal point,小数点)共计 8 段,其实质就是在数码管的内部使用了 8 个发光二极管,主要用于对数字、英文以及其他字符的显示输出。从图 8.1 中可以看到,LED 数码管分为共阳极和共阴极两类。共阳极数码管就是将数码管中的 8 个 LED 的正极连在一起,通常接+5 V 直流电,此时只要在负极加上低电平,则相应段的 LED 就会发光。同理,共阴极数码管就是将 8 个 LED 的负极连接在一起,通常共阴极接地,此时只要正极是高电平,则相应段就会发光。

在掌握了数码管的外形以及分类之后,接下来要理解数码管显示的字型码,也称为段码。由于"八段式"LED 数码管要显示不同的数字或字符,因此要让不同段的 LED 发光,才能显示出相应的字型。通常 LED 数码管的 8 段正好组成了 1 个字节的字型码,其中 dp 段是字型码的最高位,a 段是字型码的最低位。字型码的各位与 LED 数码管各段的对应关系如表 8-1 所示。常见的共阳极或共阴极数码管的字型码,如表 8-2 所示。

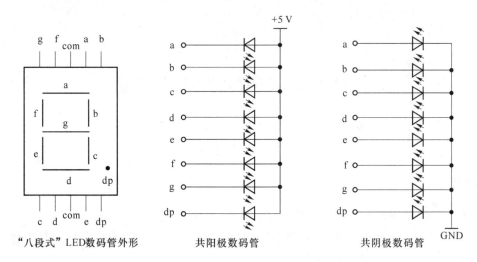

图 8.1 "八段式"LED 数码管外形及内部结构图

表 8-1 字型码的各位与数码管各段的对应关系表

字型码各位	D7	D6	D5	D4	D3	D2	D1	D0
数码管各段	dp	g	f	e	d	c	b	a

表 8-2 常见的共阳极或共阴极数码管的字型码表

被显示字符	共阳极段码	共阴极段码	被显示字符	共阳极段码	共阴极段码
0	C0H	3FH	9	90H	6FH
1	F9H	06H	A	88H	77H
2	A4H	5BH	b	83H	7CH
3	B0H	4FH	C	C6H	39H
4	99H	66H	d	A1H	5EH
5	92H	6DH	E	86H	79H
6	82H	7DH	F	8EH	71H
7	F8H	07H	P	8CH	73H
8	80H	7FH	H	89H	76H

2. 数码管的静态和动态显示的工作原理

在理解了 LED 数码管的显示字型码之后,接下来要研究如何将这些字型码显示在数码管上。通常 LED 数码管的显示方式分为两种:静态显示和动态显示。下面将具体介绍:

(1)静态显示:是指在每次数码管的显示过程中,使各个数码管的共阳极(或共阴极)接+5 V(或接地),同时使数码管的 8 段即 a～dp 段中的输出内容保持不变,这样数码管的显示内容就会保持静止。在这种方式中,共阳极或共阴极一般也称为数码管的位选端。当静态显示时,往往需要占用多个 I/O 端口,因此这种显示方式使用的系统 I/O 接口资源较多,它不适合设计多个数码管的显示系统。如果系统要对多个数码管进行显示,通常使用下面的动态显示方式。

(2) 动态显示:在这种显示方式中,将所有数码管的 8 段即 a～dp 段都连接在一起,分时使各个数码管的位选端有效,也就是在某 1 个时刻只能有 1 个数码管在显示。由于人眼具有"视觉暂留"作用(通常在 20 ms 左右),因此只要使多个数码管显示的时间间隔较短,人眼一般是感觉不到数码管熄灭的,因此可以形成多个数码管在"静态显示"的假象。这种动态显示方式相比静态显示方式,占用的 I/O 接口较少,但需要消耗一定的时间。

下面将通过一个具体实例,来深入理解 LED 数码管的静态显示和动态显示的工作原理。如图 8.2 所示,是单片机控制两个"八段式"共阴极数码管进行显示的硬件原理图。从图中可以看到,两个数码管的字段码共同由单片机通过 P0 口,经过上拉电阻发送给数码管的各个字段,而数码管的共阴极公共端则分别由单片机的 P2.0 和 P2.1 管脚,通过反门驱动器 7407 进行控制。当"八段式"数码管进行静态显示时,可以先把待显示字符的字形码(通过表 8-2 能查到)赋值给 P0 口,然后同时使 P2.0 和 P2.1 这两个管脚为高电平,经过反门驱动器 7407 的取反后,同时变成了低电平,这时两个数码管就会静态显示相关的内容;当进行数码管的动态显示时,首先也需要将待显示字符的字型码赋值给 P0 口,然后就可以分时轮流使 P2.0 和 P2.1 管脚为高电平,经过 7407 后轮流变为低电平。哪个数码管的共阴极得到了这个低电平,那么它就会显示出相关的字符,这样两个数码管轮流交替的进行工作,从而完成了"八段式"数码管的分时动态显示。

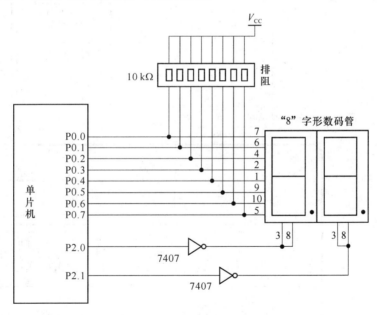

图 8.2 单片机控制两个共阴极数码管显示的硬件原理图

【实验设备和器件】

(1) PC 一台,操作系统为 Windows XP,内存 256 MB 以上,硬盘 10 GB 以上;
(2) Keil μVision2 集成开发环境的安装软件,并将该软件安装到 PC 上正常工作;
(3) 单片机应用系统开发板一个,开发板上配有进行单片机实验所必需的各种硬件资源,同时需要与 PC 相连的串口线和 USB 连接线各一条。

【实验内容】

1. 数码管的静态和动态显示

如图 8.3 所示,设计一个单片机应用系统,该系统使用单片机的 P0 口控制了两组共计 8 个"8"字形 LED 数码管。请使用 C51 语言编程,当该应用系统上电后,8 个数码管上依次静态显示数字 0~9 以及英文字母 A、b、C、d、E、F;如果使用动态方式进行显示,则在 8 个数码管上依次显示数字 0~7。

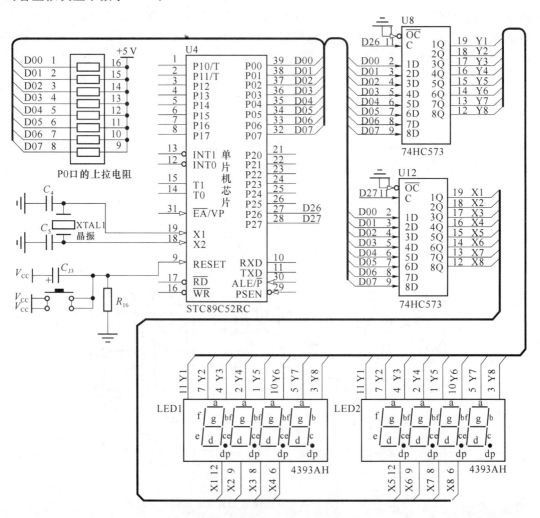

图 8.3 单片机控制数码管进行显示的电路图

实验提示

从图 8.3 中可以看到,除了单片机系统的时钟电路、复位电路以及 P0 口的上拉排阻以外,单片机还使用了并行口 P0,通过锁存器 74HC573 芯片来控制 8 个 LED 数码管的显示。

573 锁存器在这里的作用很重要,由于数码管要显示的字段码和位选码都由 P0 口发出,因此需要使用锁存器进行分时控制,否则字段码和位选码就会混淆。在电路图中,使用 P2.6 管脚来控制字段码对应锁存器的 11 号管脚,而使用 P2.7 管脚来控制位选码对应锁存器的 11 号管脚。当锁存器的 1 号管脚接地,11 号管脚接高电平时,锁存器的输出端 Q 随着输入端 D 的变化而同步变化;而当 1 号管脚接地,11 号管脚接低电平时,锁存器的输出端 Q 不随输入端 D 的变化而变化,这时输出端 Q 保持上一次输入的数据不变,即将上次单片机 P0 口发送过来的数据进行了锁存。正是根据了锁存器的 1 号和 11 号管脚的这种高低电平组合,锁存器才能够实现对单片机发出的字段码和位选码进行锁存,从而控制数码管上的数据显示。在电路图中,使用的是共阴极数码管,具体的型号是 SR4393AH。该型号的数码管,实际上是一种封装组合,即每个 SR4393AH 中都封装了 4 个"8"字形 LED 数码管。其中,数码管的 8 段即 a~dp 段,依次对应图中上面锁存器的输出端 Y1~Y8,而 8 个数码管的位选端,依次对应下面锁存器的输出端 X1~X8。待显示的字段码由 Y1~Y8 进行输出,而使用哪个数码管进行显示则由位选端 X1~X8 来控制。

在进行 C51 程序的设计过程中,为了使 8 个数码管能够在静态或动态方式下,显示出数字 0~9 以及英文字母 A、b、C、d、E、F,关键要根据静态和动态显示的原理,控制好字码段和位选端的数据。从电路图中可以看到,它们的数据是通过两个锁存器发出来的,因此本题设计的重点是控制好两个锁存器芯片。在这里,两个 573 锁存器分别由 P2.6 和 P2.7 管脚进行控制,所以编程时要对这两个管脚进行合理的赋值,从而使各个数码管的字段码和位选码得到相应的数值。为了便于初学者的学习,分别给出使用静态和动态两种方式,进行数码管显示的 C51 程序源代码,具体的源代码 T81.c 和 T82.c 如下:

```
//---------------------------- T81.c 程序 ----------------------
//文件名称:T81.c
//程序功能:单片机 P0 口控制 8 个数码管,以静态方式显示数字和英文字母
//编制时间:2010 年 2 月
//-----------------------------------------------------------
    #include   <AT89x52.h>        //包含单片机芯片使用的头文件
    sbit   DUAN = P2^6;           //定义 P2.6 管脚控制上面锁存器的使能端,输出段码
    sbit   WEI = P2^7;            //定义 P2.7 管脚控制下面锁存器的使能端,输出位码
    unsigned char Temp[ ] = {0x3f,0x06,0x5b,0x4f,0x66,0x6d,0x7d,0x07,0x7f,
                  0x6f,0x77,0x7c,0x39,0x5e,0x79,0x71};//数码管显
                                  //示的字段码
    void delay(unsigned int z)    //约为 1 ms 的延时程序,晶振 11.059 2 MHz
    { unsigned int x, y;
       for(x = z; x>0; x--)
           for(y = 115; y>0; y--);
    }
    void main( )
```

```c
    { unsigned char i;           //定义循环变量
        DUAN = 1;                //将 P2.6 管脚置为高电平,使锁存器输出端的段码与输入端同步
        WEI = 1;                 //将 P2.7 管脚置为高电平,使锁存器输出端的位码与输入端同步
        P0 = 0;                  //将 P0 口的值置为低电平
        WEI = 0;                 //P2.7 管脚置为低电平,锁存 P0 口的低电平,数码管位选有效
        while(1)
        { for(i = 0;i<16;i++)
            { delay(500);        //延时 500 ms
                P0 = Temp[i];    //给 P0 口依次赋待显示的字段码
                delay(500);      //延时 500 ms
            }
        }
    }
```

//------------------------- T81.c 程序结束 ----------------

//------------------------- T82.c 程序 ----------------

//文件名称:T82.c
//程序功能:单片机 P0 口控制 8 个数码管,以动态方式显示数字和英文字母
//编制时间:2010 年 2 月
//--

```c
    #include  <AT89x52.h>      //包含单片机芯片使用的头文件
    #include  <intrins.h>      //包含伪本征函数的头文件
    sbit   DUAN = P2^6;        //定义 P2.6 管脚控制上面锁存器的使能端,输出段码
    sbit   WEI = P2^7;         //定义 P2.7 管脚控制下面锁存器的使能端,输出位码
    unsigned char Lcode[ ] = { 0x3f,0x06,0x5b,0x4f,0x66,0x6d,0x7d,0x07 };
                               //数码管动态显示的字段码 0~7
    void delay(unsigned int z)  //约为 1 ms 的延时程序,晶振 11.059 2 MHz
    { unsigned int x, y;
        for(x = z; x>0; x--)
            for(y = 115; y>0; y--);
    }
    void main( )
    {
        unsigned char i;             //定义循环变量 i
        unsigned char temp = 0xfe;   //给变量 temp 赋初值 0xfe
        while(1)
        {
            for(i = 0; i<8; i++)     //给 8 个数码管依次赋值
```

```
        {
            DUAN = 1;                    //打开字段码对应的573锁存器
            P0 = Lcode[i];               //单片机通过P0口发送字段码给数码管
            DUAN = 0;                    //锁存发送的字段码
            WEI = 1;                     //打开位选端对应的573锁存器
            P0 = temp;                   //单片机通过P0口发送位选码选择进行显示的
                                         //数码管
            temp = _crol_(temp,1);       //伪本征循环左移函数,类似汇编的RL指令功能
            WEI = 0;                     //锁存要发送的位选码
            delay(1);                    //延时1ms,这个时间如果过长会产生闪烁现象
        }
    }
}
//-------------------------- T82.c 程序结束 --------------------
```

这里需要注意,在数码管的动态显示程序中,使用了 Keil μVision2 集成开发环境下的伪本征循环左移函数_crol_(temp,1),这个函数的作用和汇编语言的循环左移指令 RL 的功能相同,即把变量 temp 的数值循环左移 1 位。在使用伪本征函数时,要注意伪本征函数名称的前后各有一个下画线。这里的左移功能,如果不使用伪本征函数,而使用 C 语言中的左移运算符,那么它将把左移后的空位填 0 补齐,这与汇编指令 RL 的循环左移功能并不相同,因此这里最好使用伪本征函数。

2. 数码管的年份显示

如图 8.4 所示,设计一个单片机应用系统,该系统使用单片机的 P0 口控制 4 个"8"字形共阴极 LED 数码管。请使用 C51 语言编程,当系统上电后,4 个数码管上依次显示数字"2000~2099"共计 100 年的年代数,每个年代至少显示 2 s。

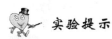

实验提示

从图 8.4 中可以看到,由于 4 个数码管的字段码,共同被单片机的 P0 口控制,因此要显示"2000~2099"这 100 个年代数,就不能使用数码管的静态显示方式,只能使用动态方式进行年份的显示。在具体的程序设计过程中,例如要显示"2000"年时,可以使 P0 口依次发出"2"、"0"、"0"、"0"这 4 个数字的共阴极字段码。与此同时,P2.0~P2.3 依次发出低电平,使每个数码管的位选端有效,这样一个完整的"2000"就"静态"地显示出来了。由于人眼的视觉暂留以及数码管的余辉效应,虽然 4 个数码管是被动态扫描的,但人们根本感觉不到,就好像它们在静态地显示着数字。如何实现 2 s 后的年份增加呢?可以使用多次循环显示一个年份,当显示的时间达到 2 s 后,可以通过查表的方式去查"2001"这 4 个数字的字段码,然后按照上面显示"2000"的方法进行操作,以此类推,直到显示出全部的 100 年时间。

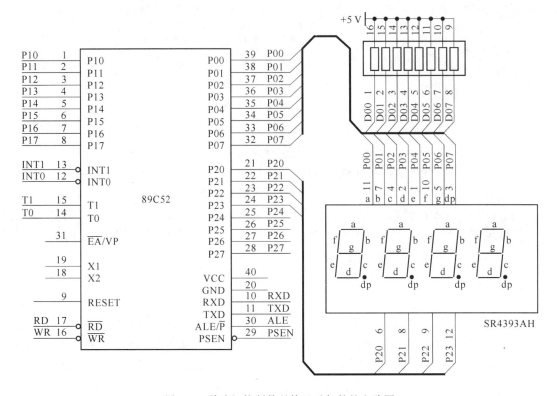

图 8.4 单片机控制数码管显示年份的电路图

3. 选做题

(1) 请使用"面包板"以及必要的元器件,独立搭建图 8.2 所示的硬件电路(包括时钟电路和复位电路),并使用数码管的静态和动态两种工作方式设计 C51 程序,要求每个数码管上显示 0～9 之间的数字,并在"面包板"上最终检验硬件的运行结果是否正确。

(2) 结合后续的定时器内容,设计一个可以滚动显示的数码管应用系统。电路可参考图 8.3,显示的内容是字母"A、b、C、d、E、F、P、H",要求这 8 个英文字母在 8 个数码管上滚动显示,每个字母的显示时间不低于 2 s,请独立设计 C51 程序,并进行相应的硬件调试工作,检验程序运行的结果是否正确。

【实验报告】

(1) 总结单片机控制数码管实现字符显示的软、硬件设计原理与方法;
(2) 写出所做实验程序的源代码,给每行语句加上详细的注释,并画出程序流程图;
(3) 叙述程序调试过程中遇到的问题以及解决方法,写出本次实验的收获和心得体会。

实验 9　点阵式 LED 显示器实验

【实验目的】

(1) 了解点阵式 LED 显示器的基础知识以及"8×8"点阵式 LED 显示器的基本工作原理；

(2) 掌握单片机控制"8×8"点阵式 LED 显示器显示数字、英文字母、简单图形以及简单汉字的软、硬件设计方法；

(3) 进一步熟悉单片机简单应用系统的开发方法。

【预习与思考】

(1) 预习本实验原理的相关内容。

(2) 点阵式 LED 显示器是如何实现数字、英文字母、简单图形以及简单汉字的显示的？

(3) 单片机如何来控制点阵式 LED 显示器进行静态和动态显示的？

【实验原理】

1. 点阵式 LED 显示器的基础知识

点阵式 LED 显示器是由多个发光二极管形成的矩阵组成。相对于单个的发光二极管，点阵式的优势是可以显示更为复杂的信息。例如，单个的 LED 只能显示某一种颜色的亮灭，而点阵不仅可以同时显示出多种颜色，还可以显示数字、字母、汉字以及图形等各类丰富的信息。目前，随着单片机控制技术的不断发展，以及点阵技术的多样化显示和较低的价格，点阵技术的应用越来越广泛。每到晚上，在繁华的都市中，到处都是显示着各种图案的点阵应用系统。

通常，点阵式 LED 显示器根据内部包含发光二极管的数量多少，分为"5×7"点阵、"8×8"点阵、"16×16"点阵、"32×32"点阵等。随着点阵中包含发光二极管数量的增加，点阵显示的信息也越来越复杂。众所周知，汉字比数字、字母以及一些简单图形的显示都要复杂一些，例如简单的汉字使用"8×8"点阵就可以完成显示，而对于更复杂一点的汉字则需要使用"16×16"点阵才能完成显示，如果想要将所有的汉字都显示出来，就需要使用"32×32"点阵了。为了进一步理解点阵的构成，这里以"5×7"点阵为例，如图 9.1 所示。在图中的左侧是"5×7"点阵的外形结构图，右侧是"5×7"点阵的内部组成图。从图中，可以看出"5×7"点阵是由 35 个发光二级管组成的，这些发光二极管被分成了 5 列与 7 行。列线使用数字 0~4 表示，用于输入待显示的信息，连接在每个发光二极管的负极端；行线使用字母 a~g 来表示，用于对点阵的每一行信息进行扫描，连接在每个发光二极管的正极端。只有当行线发出高电平，而列线发出低电平时，相应的发光二极管才会被点亮。这种由行线进行扫描的方式，称为点阵的行扫描，即行线发出扫描码，而列线是真正显示的信息码。同理可知，点阵也可以设计成列扫描的方式，即此时列线发出扫描码，而行线输出待显示的信息码。除了行、列扫描的算法外，还有一种算法称为点扫描，即使用行列线的交叉点，逐一扫描点阵，若使用"16×16"点阵，就要扫描

256个点,这种方法相对比较麻烦,但程序容易理解。在点阵程序的设计过程中,首先就要根据硬件电路图,来确定使用上面三种算法的哪一种来对点阵进行扫描,从而显示出各类的信息。这里需要注意,根据人眼的视觉暂留以及发光二极管的余辉效应,行、列扫描方式的扫描频率至少为128Hz,周期应小于7.8 ms,而点扫描方式的频率至少为1 024Hz,周期应小于1 ms,只有这样才能看清楚点阵显示的内容。

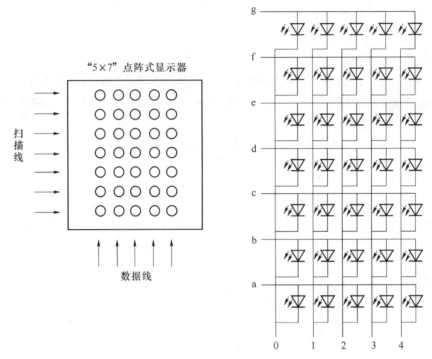

图9.1 "5×7"点阵式LED显示器的外形结构以及内部组成图

2. "8×8"点阵式LED显示器的工作原理

由于"5×7"点阵显示器相对简单,而"16×16"点阵显示器、"32×32"点阵式显示器又相对复杂,因此作为初学者最好先从"8×8"点阵式显示器学起。如图9.2所示,是"8×8"点阵式LED显示器的实物和管脚图。从图中,可以看到"8×8"点阵一共由64个发光二极管构成,但它并不具有64个管脚,而是具有8行和8列共计16个管脚,焊接时是双排插座。注意,行列管脚是无序排列的。

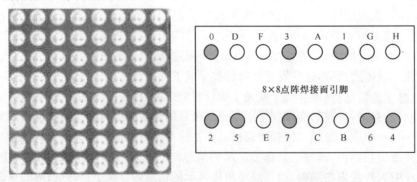

图9.2 "8×8"点阵式LED显示器的实物和管脚图

"8×8"点阵式 LED 显示器的内部结构如图 9.3 所示。从图中可以看到,"8×8"点阵式 LED 显示器共由 64 个发光二极管(LED)组成,且每个发光二极管是放置在行线和列线的交叉点上。当对应的某一行置高电平,某一列置低电平时,则相应的二极管就亮;相反当对应的某一行置低电平或者某一列置高电平时,相应的二极管就会熄灭。例如,要使点阵中一行或者一列都点亮,可以这样来进行操作:若要一行点都亮,则该行为高电平,所有的列为低电平即可,使用列扫描方式控制点阵;同理,若要一列都点亮,则该列为低电平,所有的行为高电平即可,应采用行扫描的方式来控制点阵。通常,"8×8"点阵式 LED 显示器只适合显示数字 0~9、英文字母 A~Z 以及一些简单的标识图,并不适合显示汉字,因为显示点数不够,如果一定要显示汉字,那么就只能显示笔画很少的汉字,例如:中、大、小、三、王、日等。这里旨在于通过"8×8"点阵式 LED 显示器的应用实验,来理解整个点阵式 LED 显示器的工作原理,从而为其他复杂点阵的学习打好基础。

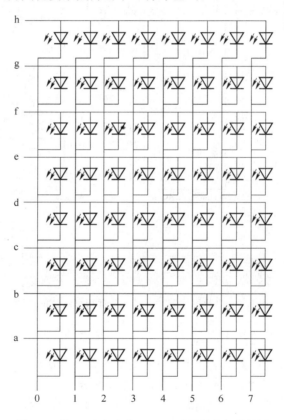

图 9.3 "8×8"点阵式 LED 显示器的内部结构图

【实验设备和器件】

(1) PC 一台,操作系统为 Windows XP,内存 256 MB 以上,硬盘 10 GB 以上;
(2) Keil μVision2 集成开发环境的安装软件,并将该软件安装到 PC 上正常工作;
(3) 单片机应用系统开发板一个,开发板上配有进行单片机实验所必需的各种硬件资源,同时需要与 PC 相连的串口线和 USB 连接线各一条。

【实验内容】

1. "8×8"点阵式 LED 显示器的静态显示

如图 9.4 所示,设计一个单片机控制"8×8"点阵式 LED 显示器进行静态显示的应用系统,该系统使用 P0 口以及同步移位寄存器 74HC164,来共同控制"8×8"共阴极点阵的行和列。请设计 C51 语言程序,使该系统上电后,在"8×8"点阵上静态显示数字或简单的图形标识。

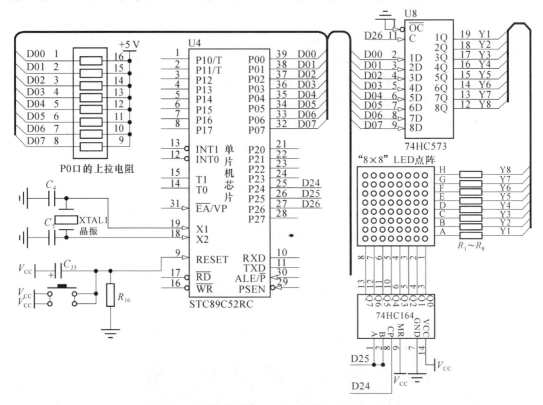

图 9.4 单片机控制"8×8"点阵进行显示的电路图

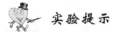
实验提示

从图 9.4 中可以看到,除了单片机系统的时钟电路、复位电路以及 P0 口的上拉排阻以外,单片机使用了并行口 P0,通过锁存器 74HC573 芯片来控制"8×8"点阵的 A~H 这 8 行,通过 P2.5 和 P2.4 管脚来控制同步移位寄存器芯片 74HC164,而又由 164 芯片的输出端 Q0~Q7 来进一步控制"8×8"点阵的 1~8 列。这里注意,P2.5 管脚连接 164 芯片的数据输入端,而 P2.4 管脚连接 164 芯片的时钟端。当 164 芯片的时钟端,每次从低电平跳变到高电平时,P2.5 发出的数据就会被一位一位地输入到 164 芯片中。由于使用的是共阴极点阵,因此如果 74HC164 输出 0xff,而 74HC573 输出 0x00,这时点阵就会被全部点亮,但这时驱动 64 个发光二极管的电流会很大,所以建议不要长时间进行这样的操作。

在进行 C51 程序的设计过程中,为了正确显示数字 1 和心形图案,首先要弄清楚它们在"8×8"点阵中的显示字形,这里给出数字 0~9、英文字母 A~F 以及心形的显示字形,如图 9.5

和图 9.6 所示。从图中可知,由于使用的是共阴极数码管,因此被点亮的发光点应为高电平,恰好每行的 8 个点可以组成 1 个字节称为点阵的字节码。例如,数字 1 显示时,一共需要 8 个字节码。在第 1 行中从左向右数(最左侧为第 1 位),由于第 5 位被点亮,因此第 1 行的字节码是 0x10;在第 2 行中由于第 4 位和第 5 位被点亮,因此第 2 行的字节码是 0x18,…以此类推,可以得到显示数字"1"的 8 个字节码依次是:0x10,0x18,0x10,0x10,0x10,0x10,0x10,0x10。同理也可以写出心形的字节码为 0x00,0x66,0xff,0xff,0x7e,0x3c,0x18,0x00。

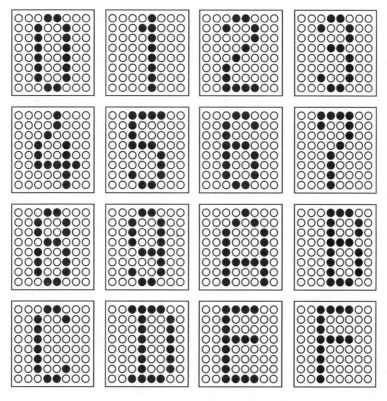

图 9.5 数字 1~9 以及字母 A~F 在"8×8"点阵中的显示字形图

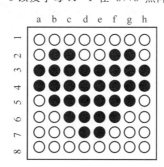

图 9.6 心形图案在"8×8"点阵中的显示字形图

为了便于初学者的学习,给出"8×8"点阵显示数字 1 的 C51 程序源代码(心形显示的源代码与其类似,只将显示字码更换即可),具体的源代码 T91.c 如下:

```c
//--------------------------T91.c 程序---------------------
//文件名称:T91.c
//程序功能:单片机 P0 口控制"8×8"点阵,显示数字"1"
//编制时间:2010 年 2 月
//---------------------------------------------------------
#include    <AT89X52.h>         //包含程序使用的头文件
#define   uchar unsigned char   //定义无符号字符型可以简写成 uchar

sbit   a7 = ACC^7;           //定义 a7 代表累加器的第 7 位
sbit   WEI = P2^7;           //数码管的位码选通控制位,具体如图 8.3 所示
sbit   DUAN = P2^6;          //数码管的段码选通控制位,具体如图 8.3 所示
sbit   DATA_164 = P2^5;      //用管脚 P2.5 模拟作为 164 的串行数据输入端
sbit   CLK_164 = P2^4;       //用管脚 P2.4 模拟作为 164 的时钟输入端

unsigned char code digitltab[ ] = {0x10,0x18,0x10,0x10,0x10,0x10,0x10,0x10};
//数字"1"的 8 个显示字节码
//unsigned char code digitltab[ ] = {0x00,0x66,0xff,0xff,0x7e,0x3c,0x18,0x00};
//心形图案的 8 个显示字节码
unsigned char code tab[] = {0x01,0x02,0x04,0x08,0x10,0x20,0x40,0x80};
//定义点阵的行扫描码


//---------------------------------------------------------
// 函数名称:out_164
// 输入参数:data_buf
// 输出参数:无
// 功能说明:8 位同步移位寄存器,将 data_buf 的数据逐位输出到 164 芯片
//---------------------------------------------------------
void out_164(uchar data_buf)
{
  uchar i;
  i = 8;
  ACC = data_buf;
  do
   {
     CLK_164 = 0;         //164 芯片的时钟端为低电平
     DATA_164 = a7;       //1 位 2 进制数,输入到 164 芯片的数据端
     CLK_164 = 1;         //164 芯片的时钟端为高电平
```

```c
        ACC = ACC<<1;      //取下一个2进制数
    }while( -- i! = 0);
}

void delay(unsigned int z)            //1 ms 延时,晶振是 11.059 2 MHz
{
    unsigned int x,y;
    for(x = z;x>0;x -- )
        for(y = 115;y>0;y -- );
}

void main(void)
{
    uchar a = 0;       //变量a定义为0
    P1_4 = 1;          //熄灭开发板上8个LED小灯,参考电路图7.7
    P0 = 0xff;
    DUAN = 1;
    WEI = 1;           //熄灭开发板上的数码管,参考电路图8.3
    P0 = 0xff;
    WEI = 0;
    while(1)           //使用行扫描方式,循环显示数字"1"
    {
        for(a = 0;a<8;a ++ )    //每次循环扫描8行
        {
            P0 = 0xff;              //每次扫描前先熄灭点阵
            out_164(tab[a]);        //单片机向164芯片输出一行扫描码
            P0 = ~digitltab[a];     //单片机从P0口输出数字"1"的各个字节码,共阴极
                                    //要取反
            delay(1);               //每扫描1行后,延时1ms,不能延时太长,否则闪烁
        }
    }
}
//-------------------------- T91.c 程序结束 ------------------
```

2. "8×8"点阵式 LED 显示器的动态显示

参考图9.4所示的电路图,设计一个单片机控制"8×8"点阵式 LED 显示器的动态显示应用系统,该系统使用单片机的 P0 口以及同步移位寄存器 74HC164,来共同控制"8×8"共阴极

点阵的行和列。请设计 C51 语言程序,使该系统上电后,在"8×8"点阵式 LED 显示器上动态显示数字 0～9 以及心形图案,每个数字或图案在显示的过程中保留 1 s 的显示时间。

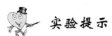

实验提示

在进行 C51 程序的设计过程中,为了动态显示"数字 0～9 和心形图案",并且使每个数字或图案都保持 1 秒的显示时间,需要使用单片机的定时器来控制点阵的显示。在具体的控制过程中,首先要弄清楚"数字 0～9 以及心形图案",在"8×8"点阵中的显示字形,这里可以参考图 9.5 和图 9.6。从字形图中,能够直接写出"数字 0～9 以及心形图案"的点阵字节码,每个数字或图案对应 8 个字节码,共计需要写出 88 个字节码,编程时可以定义 1 个二维数组作为 88 个字节码的数据表。题目要求每个数字或图案显示 1 s,这里可以使用定时器 T0 工作于方式 1。每次当定时器 T0 产生 1 ms 的定时器溢出中断时,中断服务程序都会完成扫描 1 行点阵的功能,如果定时器 T0 产生了 1 000 次溢出中断,则累计扫描点阵的时间就为 1 s,从而完成对每个数字或图案的 1 s 显示。由于此题需要用到后续实验的中断以及定时器的相关知识,因此为了便于初学者的学习,这里给出"8×8"点阵动态显示数字"1"和心形的范例 C51 程序 T92.c 以供参考,希望在此程序源代码的基础上能够独立设计出题目要求的动态显示数字 0～9 和心形的 C51 语言程序。此题参考的具体范例程序代码 T92.c 如下:

```c
//-------------------------- T92.c 程序 --------------------
//文件名称:T92.c
//程序功能:单片机 P0 口控制"8×8"点阵,动态显示数字"1"及心形图案 1 s
//编制时间:2010 年 2 月
//----------------------------------------------------------
#include   <AT89X52.H>          //包含程序使用的头文件
#define   uchar   unsigned char  //定义无符号字符型可以简写成 uchar
#define   uint    unsigned int   //定义无符号整型可以简写成 uchar

sbit   a7 = ACC^7;               //定义 a7 代表累加器的第 7 位
sbit   WEI = P2^7;               //数码管的位码选通控制位,具体如图 8.3 所示
sbit   DUAN = P2^6;              //数码管的段码选通控制位,具体如图 8.3 所示
sbit   DATA_164 = P2^5;          //用管脚 P2.5 模拟作为 164 的串行数据输入端
sbit   CLK_164 = P2^4;           //用管脚 P2.4 模拟作为 164 的时钟输入端

uchar code digitltab[2][8] = {//定义数字 1 和心形的字节显示码
          {0x10,0x18,0x10,0x10,0x10,0x10,0x10,0x10},
          {0x00,0x66,0xff,0xff,0x7e,0x3c,0x18,0x00}
          };
unsigned char code tab[ ] = { 0x01,0x02,0x04,0x08,0x10,0x20,0x40,0x80 };
```

```
                            //定义点阵的行扫描码
uchar   a = 0,   b = 0;     //定义全局变量a和b作为点阵的列、行扫描变量
uint    count = 0;          //定义全局变量count,作为定时器溢出中断的计数器
//--------------------------------------------------------------
// 函数名称:out_164
// 输入参数:data_buf
// 输出参数:无
// 功能说明:8位同步移位寄存器,将data_buf的数据逐位输出到164芯片
//--------------------------------------------------------------

void out_164(uchar data_buf)
{
    uchar i = 8;
    ACC = data_buf;          //将待发送给164芯片的数据传送到累加器A中
    do
      { CLK_164 = 0;         //164芯片的时钟端为低电平
        DATA_164 = a7;       //1位2进制数,输入到164芯片的数据端
        CLK_164 = 1;         //164芯片的时钟端为高电平
        ACC = ACC<<1;        //取下一个2进制数
      }while(--i! = 0);      //一字节的数据发送完毕后,停止循环
}

void main(void)
{
    P1_4 = 1;                //熄灭开发板上8个LED小灯,参考电路图7.7
    P0 = 0xff;
    DUAN = 1;
    WEI = 1;                 //熄灭开发板上的数码管,参考电路图8.3
    P0 = 0xff;
    WEI = 0;
    TMOD = 0x01;             //定时器T0工作于方式1,晶振为11.059 2 MHz时,1 ms延时的初值为FC66H
    TH0 = (65536 - 922)/256; //TH0的初值为FCH
    TL0 = (65536 - 922)%256; //TL0的初值为66H
    TR0 = 1;                 //启动定时器T0
    ET0 = 1;                 //定时器T0的溢出中断位有效
    EA = 1;                  //总中断允许位有效
    while(1);                //等待1 ms定时器溢出中断的产生,
}                            //中断产生时,自动调用下面定时器T0的中断服务子程序
```

```c
void t0(void) interrupt 1 using 0
{
    TH0 = (65536 - 922)/256;        //FCH
    TL0 = (65536 - 922)%256;        //66H
    P0 = 0xff;                      //消除上次的亮点,否则干扰下次的扫描
    out_164(tab[a]);
    P0 = ~digitltab[b][a];

    a++;
    if(a == 8) { a = 0; }
    count++;
    if(count == 1000)
        { count = 0;
          b++;
          if(b == 2) { b = 0; }
        }
}
//------------------------------T92.c 程序结束------------------
```

通过上面的 C51 程序,就可以实现数字"1"以及心形图案在点阵中,每隔 1 s 的动态交替显示功能。在具体的软件仿真过程中,由于用到了定时器 T0 的溢出中断,因此除了需要打开并行 I/O 接口和变量的实时监测窗口以外,还需要打开定时器和中断系统的观察窗口。操作过程如下:当 T92.c 的程序编译链接成功以后,单击"调试"菜单下的"开始/停止调试"选项,进入调试状态,如图 9.7 所示。

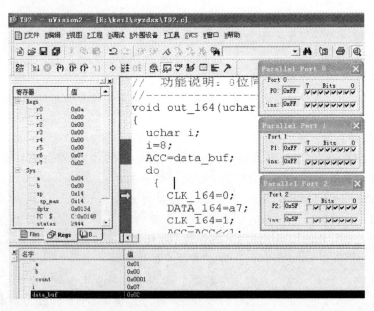

图 9.7　T92.c 程序进入调试状态并打开并行 I/O 接口和变量监测窗口的界面

这时,单击"外围设备"菜单下的"Timer"选项,选择定时器 Timer 0 进行观察,如图 9.8 所示。在打开的定时器 T0 的窗口中,根据题意将定时器的工作方式,设置为方式 1 即 16 位的定时器,然后按快捷键 F11 进行单步调试。这里要注意,不要使用 F10 键,因为要跟踪到中断服务程序的内部去观察变量、并行 I/O 接口以及定时器的变化情况,并且在语句"while(1);"处要一直按住 F11 键,使定时器能够产生中断溢出,这样才能跟踪进入到中断服务程序"void t0(void) interrupt 1 using 0",来执行点阵的行扫描功能。程序仿真过程中,变量、并行 I/O 接口以及定时器 T0 的变化情况,如图 9.9 所示。

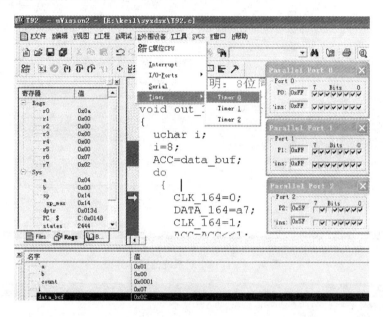

图 9.8 打开定时器 T0 观察窗口的操作界面

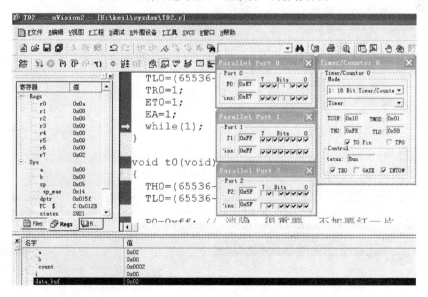

图 9.9 观察变量、并行 I/O 接口以及定时器 T0 变化情况的界面

在软件仿真过程中,除了观察变量、并行 I/O 接口以及定时器 T0 的变化情况以外,还要辅助观察中断系统的变化情况。在调试状态下,单击"外围设备"菜单下的"Interrupt"选项,如图 9.10 所示,即可出现中断系统的观察窗口。在程序的仿真过程中,变量、并行 I/O 接口、定时器 T0 以及中断系统的变化情况,如图 9.11 所示。

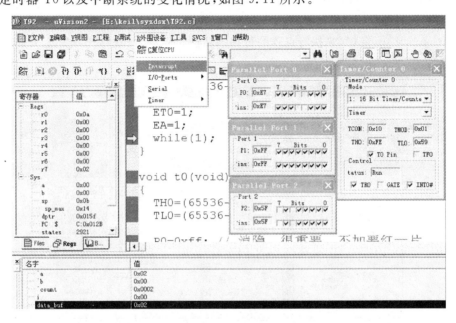

图 9.10 打开中断系统的操作界面

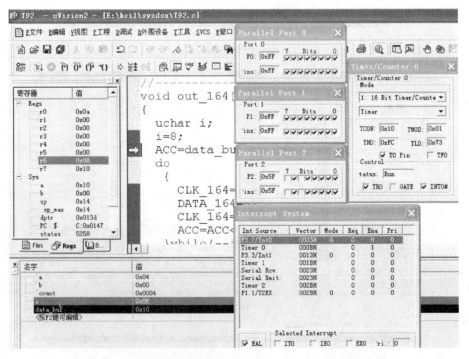

图 9.11 观察变量、并行 I/O 接口、定时器 T0 以及中断系统变化情况的界面

3. 选做题

(1) 请参考图 9.4 中的电路以及图 9.5 中的英文字母字形图,在"8×8"点阵中使用 C51 语言进行程序设计,要求完成点阵静态显示英文字母"A"或简单的汉字"王",并进行软件仿真以及实际硬件的运行调试。

(2) 参考图 9.4 所示的电路,设计一个"8×8"的单片机动态点阵应用系统,该系统使用单片机的 P0 口及同步移位寄存器 74HC164 芯片,来控制"8×8"共阴极点阵的行和列。请设计 C51 语言程序,使该系统上电后,在"8×8"点阵上依次动态显示数字 0~9、字母 A~F、汉字"大"、"中"、"小"以及心形图案,要求每个数字、字母、汉字以及图案,在显示的过程中保留 2 s 的显示时间,并进行实际的硬件运行与调试。

【实验报告】

(1) 总结单片机控制点阵式 LED 显示器进行静态和动态显示的软硬件设计原理与方法;

(2) 写出所做实验程序的源代码,给每行语句加上详细的注释,并画出程序流程图;

(3) 在 Keil μVision2 集成开发环境中,如何进行软件的仿真调试,以及同时监测变量、并行 I/O 接口、定时器和中断系统的变化情况?

(4) 叙述程序调试过程中遇到的问题以及解决方法,写出本次实验的收获和心得体会。

实验 10　键盘输入接口实验

【实验目的】

(1) 了解独立键盘和矩阵键盘的基础知识以及工作原理；
(2) 掌握单片机控制独立键盘以及矩阵键盘的软、硬件设计方法；
(3) 进一步熟悉单片机简单应用系统的开发方法。

【预习与思考】

(1) 预习本实验原理及配套理论教材中"键盘输入"的相关内容。
(2) 什么是独立键盘？什么是矩阵键盘？矩阵键盘有何优点？
(3) 对独立键盘如何判断键盘被按下，以及如何获得键盘按下后的按键值？
(4) 对矩阵键盘如何判断键盘被按下，以及如何获得键盘按下后的按键值？
(5) 键盘扫描有哪几种方法？它们的工作原理如何？
(6) 为什么要进行键盘消抖？如何实现键盘消抖？

【实验原理】

1. 键盘的基础知识

键盘是单片机最常见的人机接口设备，通过键盘人们可以向单片机输入各种操作命令和数据，单片机捕捉到这些按键信息后，由单片机进行相应的处理。一个单片机使用的键盘实物，如图 10.1 所示。

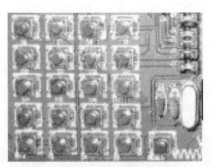

图 10.1　单片机使用的键盘实物图

键盘从结构上分为两类：独立式键盘和行列矩阵式键盘。独立式键盘是指键盘中的各个按键的输入相互独立，每 1 个按键都单独接 1 根输入数据线，独立式键盘的工作原理如图

10.2所示。当有键按下时,向单片机输入低电平,无键按下时输入高电平。但是,由于这种结构每个按键要占用1根I/O接口线,若按键较多,则在实际设计中就不方便了。

目前,在实际中常采用行列矩阵式键盘结构,如图10.3所示,它通常应用于按键数目较多的键盘输入设计中。所谓行列矩阵式键盘是将键盘的输入分成行和列,从而形成1个具有按键个数为"行×列"的矩阵,采用对行或列的扫描方法来鉴别按下的按键。在没有按键按下时,任意两条交叉的行、列线不连通,只有在某个按键按下时相应的行线和列线才连通在一起。以16个按键组成的"4×4"行列式矩阵键盘为例:当k0键按下时,则第0行和第0列连通。此时,如果列线

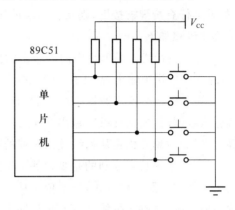

图10.2 独立式键盘原理图

0输出低电平,则行线0也会得到低电平,而其余没有按下的按键所在的行线都是高电平。再例如,当列线作为输出线而行线作为输入线时,当k9键按下时,则第2行和第1列连通。此时,如果第1列输出低电平,则第2行也会得到低电平输入给单片机。矩阵键盘的按键是否被按下的扫描原理,正是基于上面的基本分析。下面将结合图10.3来具体介绍矩阵式键盘的扫描方法。

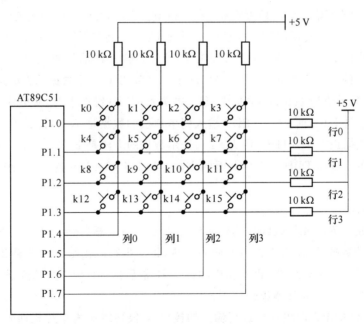

图10.3 "4×4"行列矩阵式键盘的原理图

2. 矩阵键盘的扫描方法

通常扫描矩阵键盘的按键是否被按下,主要有两种方法:即逐行扫描法和行反转法,下面将详细介绍这两种扫描方法。

(1) 逐行扫描法

顾名思义,这种方法是指在行列式的矩阵键盘中,一行一行地来查看是否有按键被按下,如果某行有按键被按下,则获得相应的按键键值给单片机的 CPU 进行处理。逐行扫描法的具体步骤如下:

① 将 4 根行线作为单片机向外输出的接口,4 根列线作为向单片机进行输入的接口即 P1 口的低 4 位用于输出,高 4 位用于输入。

② 从 4 根行线输出数据,逐一扫描键盘的每一行,看是否此行有按键被按下。具体从行线输出数据时,要保证每次输出的 4 行数据中只有 1 行输出的是低电平,其余三行输出的是高电平,此时单片机再从列线读出 4 列的结果。如果每列都是高电平,则每行都无按键被按下。相反,如果某列读到的是低电平,则被按下的按键位于此低电平列线与低电平行线的交叉点处。按照这种方式,只要依次从行线输出 4 组数据,就可以将 4×4 键盘上的 16 个按键扫描一遍。例如:行线 0~行线 3(即 P1.0~P1.3)输出数据是 0111B,则代表第 0 行输出的是低电平,而其他 3 行输出的是高电平,因此输出数据 0111B 代表要扫描第 0 行的 4 个按键是否被按下。若此时从列 0~列 3(即 P1.4~P1.7)读到的数据是 1111B 即 4 列都是高电平,那么第 0 行 4 个按键没有一个被按下的。相反,如果此时从列线读到的是 1101B,即只有列 2 是低电平,而其他 3 列都是高电平,则此时第 0 行有按键被按下,具体按键被按下的位置是第 2 列与第 0 行的交叉点处,通过图 10.3 可知 k2 键被按下,至此第 0 行扫描完毕,接下来可以依次再扫描其他行,直到 16 个按键都扫描完毕。

③ 得到按键的键值。键值是指当某一行有按键按下时,此时行线输出的值与列线输入的值组成的 8 位二进制数据,键值的编码方式不唯一。例如:当 k0 键按下时,从单片机 P1.0~P1.3 输出的数据一定是 0111,而 P1.4~P1.7 输入到单片机的数据是 0111B,因此 P1.0~P1.7 组合的 8 位二进制数据是 01110111B。因为 P1 口表示数据的方法是 P1.7~P1.0,所以此时 k0 键的键值是 11101110B 即 EEH。再例如:当 k9 键按下时,从单片机 P1.0~P1.3 输出的数据一定是 1101,而 P1.4~P1.7 输入到单片机的数据是 1011,因此 P1.0~P1.7 组合的 8 位二进制数据是 11011011B。因为 P1 口表示数据的方法是 P1.7~P1.0,所以此时 k0 键的键值是 11011011B 即 DBH。按照上面的方法,可以将 k0~k15 这 16 个按键的键值依次求出。

(2) 行反转法

这种方法是指先将 4 根列线作为输出线输出 0000B,4 根行线作为输入线,然后从 4 根行线得到输入的数据 A;接下来进行方向的反转,将 4 根行线由输入变为输出线输出 A,再将 4 根列线由输出变为输入线,得到相应的数据 B,最后由 AB 组合成 1 个 8 位的二进制数据就是键值。行反转法的具体步骤如下:

① 将 4 根行线作为向单片机进行输入的接口,4 根列线作为单片机向外输出的接口即 P1 口的低 4 位用于输入,高 4 位用于输出。此时,从 4 根列线输出 0000B,然后读 4 根行线得到数据为 A,如果 4 根行线全为高电平则没有 1 个按键被按下,如果不全为高电平则代表有键按下。

② 进行方向的反转,即将①中的行线由输入线变为输出线,①中的列线由输出线变为

输入线,此时 4 根行线将①中得到的数据 A 进行输出,然后可以从 4 根列线读到数据 B。

③ 得到按键的键值。将①中的数据 A 与②中的数据 B 组合成 8 位的二进制数据,就是相应按键的键值。键值应该与逐行扫描法的键值相同。例如:从单片机 P1.4~P1.7 输出的数据是 0000,此时从 P1.0~P1.3 得到的输入数据是 0111B,说明第 0 行有键按下;接下来将 P1.0~P1.3 作为输出线将得到的 0111B 输出,然后将 P1.4~P1.7 作为输入线读到的结果是 0111B,说明第 0 列有键按下,所以按键应是第 0 行与第 0 列的交叉点处即 k0 键。因此 P1.0~P1.7 组合的 8 位二进制数据是 01110111B。因为 P1 口表示数据的方法是 P1.7~P1.0,所以此时 k0 键的键值是 11101110B 即 EEH。

这里大家还要注意一个问题,当进行按键操作的时候,由于按键基本是由机械开关制成的,因此在按键按下的过程中伴随有抖动现象,如果不及时排除掉抖动干扰,就可能使读到的按键键值产生错误。消除抖动的方法有硬件和软件两种方法,其中使用软件延时的方法比较简单方便,是经常采用的方法。根据对人们按键动作的分析,一般按键至少要持续 100 ms,而抖动的时间大概是 10 ms 左右。因此,在判断按键是否被按下时,当第 1 次读到 1 个按键的键值时,不要急于立刻得出结论,要至少延时 10 ms 以上再读一次按键的键值,此时抖动时间已经过去,如果延时前后两次读到的按键键值完全相同,那么这次按键才有效。将这种设计思想运用到程序设计中,就可以实现软件延时消抖的目的。

【实验设备和器件】

(1) PC 一台,操作系统为 Windows XP,内存 256 MB 以上,硬盘 10 GB 以上;

(2) Keil μVision2 集成开发环境的安装软件,并将该软件安装到 PC 上正常工作;

(3) 单片机应用系统开发板一个,开发板上配有进行单片机实验所必需的各种硬件资源,同时需要与 PC 相连的串口线和 USB 连接线各一条。

【实验内容】

1. 独立键盘的输入

如图 10.4 所示,设计一个单片机控制独立键盘的应用系统,该系统使用 P3 口来控制独立键盘。其中,管脚 P3.2、P3.4、P3.6 以及 P3.7,分别控制 4 个独立按键 S2~S5。请设计 C51 语言程序,使该系统上电后,单片机完成对独立键盘的控制。具体要求如下:

实现单片机对独立键盘中按键 S5 的控制,每当按键 S5 按下后,数码管的显示数值加 1,已知数码管的显示范围是十六进制数的 0~F,要求进行软件仿真以及实际硬件的运行调试。

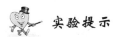
实验提示

从图 10.4 中可以看到,除了单片机系统的时钟电路、复位电路、P0 口的上拉排阻以及通过锁存器 573 控制两组数码管以外,单片机还使用了并行口 P3 对由 4 个独立按键组成的独立键盘进行了控制。独立按键 S2~S5 的一端和地线相连,另一端依次和 P3 口的管脚 P3.2、P3.4、P3.6 以及 P3.7 相连。当 4 个独立按键中的任意一个按下时,则相应的 P3 口管脚就会变为低电平输入到单片机芯片中。只要单片机监测到独立按键 S5 变为低电平，它就会调整数码管的显示数值加 1，有关数码管的显示部分，请参考实验 8，这里不再重述。

在进行 C51 程序的设计过程中，为了准确检测到独立按键 S5 被按下，需要进行抖动处理，这里使用软件延时的方法进行独立键盘的消抖处理，通常人手按键盘的抖动时间在 10 ms 以内。因此这里可以延时 11 ms 之后，再次对管脚 P3.7 进行读操作。如果延时前后两次对 P3.7 管脚读到的值都是低电平，则可以确定 S5 按键确实被按下。当确定按键被按下后，需要调整在数码管上进行输出的变量数值。由于题目要求只显示 0~F 的数据，因此当显示的数值为 F 时，再次按下按键 S5 以后，显示的数据应该从 0 开始。另外，要注意对数码管的位选端以及字段码进行合理的控制，以上几点在编写程序时要格外留心。

为了便于初学者学习和理解键盘应用系统的软件程序设计，给出独立按键的 C51 语言程序源代码 T101.c，具体如下：

```c
//------------------------------- T101.c 程序 ---------------------------
//文件名称:T101.c
//程序功能:单片机 P3 口控制独立按键 S5,每次按下按键时数码管显示的数值加 1。
//编制时间:2010 年 2 月
//-------------------------------------------------------------------
#include  <AT89X52.H>         //包含程序使用的头文件
#define  uchar  unsigned char  //定义无符号字符型可以简写成 uchar
#define  uint   unsigned int   //定义无符号整型可以简写成 uint
sbit   WEI = P2^7;            //数码管的位码选通控制位,具体如图 8.3 所示
sbit   DUAN = P2^6;           //数码管的段码选通控制位,具体如图 8.3 所示
sbit   S5 = P3^7;             //定义符号 S5 代表管脚 P3.7

uchar Temp[] = { 0x3f,0x06,0x5b,0x4f,0x66,0x6d,0x7d,0x07,0x7f,0x6f,
                 0x77,0x7c,0x39,0x5e,0x79,0x71 };  //0~F 的共阴极显示字库

void duan_display(uchar b)     //数码管的段显示子函数
{
    DUAN = 1;
    P0 = Temp[b];
    DUAN = 0;
}

void wei_select(uchar a)       //数码管的位控制子函数
{
    WEI = 1;
    P0 = a;
    WEI = 0;
}
```

```c
void delay(uint z)                    //定义 1 ms 延时子函数,晶振是 11.059 2 MHz
{
    uint x, y;
    for(x = z; x>0; x--)
        for(y = 115; y>0; y--);
}

void main( )
{
    uchar i = 0;
    P3 = 0xff;                        //P3 口赋初值为 0xff,即 P3 口的各个管脚为高电平
    wei_select(0);                    //使 8 个共阴极数码管的位选端均为低电平,全显示
    while(1)
    {
        if(S5 = = 0)                  //如果独立按键按下,则 P3.7 管脚为低电平
        {
            delay(11);                //为了防止按键抖动,延时 11 ms
            if(S5 = = 0)              //延时后再次判断按键是否按下
            {
                i++;                  //如果按键确定被按下,将 i 的值加 1
                if(i>=16)  i = 0;     //如果 i 的值为 16,则使 i 值重新为 0
            }
            while(!S5);               //判断按键是否松开,若未松开则循环等待
        }
        duan_display(i);              //若按键松开,则调用数码管显示 i 的值
        delay(5);                     //延时 5 ms,给硬件动作的时间
    }
}
//----------------------------- T101.c 程序结束 -----------------
```

2. 矩阵键盘的输入

如图 10.4 所示,设计一个单片机控制矩阵键盘的应用系统,该系统使用 P3 口来控制矩阵键盘。按键 S6～S21 组成"4×4"的行列矩阵式键盘,行线由管脚 P3.0～P3.3 来控制,列线由管脚 P3.4～P3.7 来控制。请设计 C51 语言程序,使该系统上电后,单片机实现矩阵键盘的键盘输入。例如:当按键 S6 按下后,数码管显示按键 S6 内部标记的"数字 0";当按键 S10 按下后,数码管显示按键 S10 内部标记的"数字 1";以此类推,当按键 S21 按下后,数码管显示按键 S21 内部标记的"数字 F"。要求进行软件仿真以及实际硬件的运行调试。

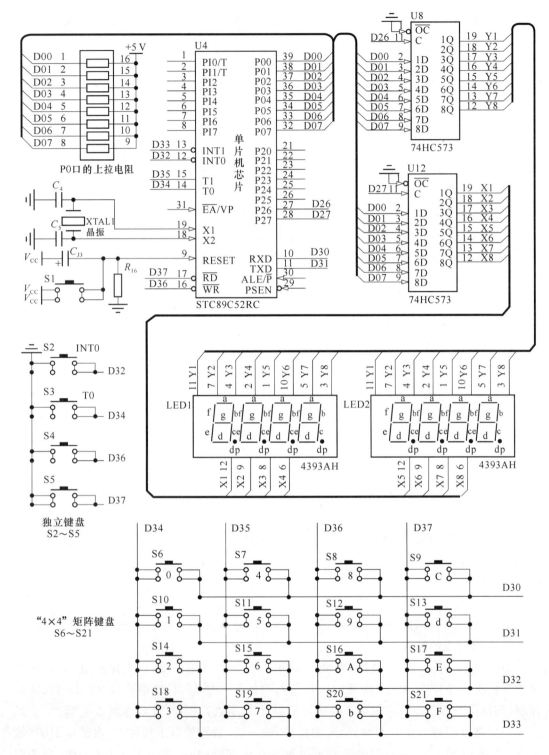

图 10.4 单片机控制独立键盘和矩阵键盘的电路图

 **实验提示**

在进行 C51 程序的设计过程中,矩阵键盘的扫描算法很重要,这里使用列扫描算法。由列线 P3.4~P3.7 管脚分时送出列扫描码,而行线 P3.0~P3.3 管脚用于读取按键的返回数据。每次扫描一列 4 个按键,具体的扫描顺序如下:

(1) P3.7~P3.4 管脚送出列扫描码 1110 来扫描第 0 列的 4 个按键,读取按键数据,判断该列是否有键按下,如有按下则连接该键的行线返回 0;

(2) P3.7~P3.4 管脚送出列扫描码 1101 来扫描第 1 列的 4 个按键,读取按键数据,判断该列是否有键按下,如有按下则连接该键的行线返回 0;

(3) P3.7~P3.4 管脚送出列扫描码 1011 来扫描第 2 列的 4 个按键,读取按键数据,判断该列是否有键按下,如有按下则连接该键的行线返回 0;

(4) P3.7~P3.4 管脚送出列扫描码 0111 来扫描第 3 列的 4 个按键,读取按键数据,判断该列是否有键按下,如有按下则连接该键的行线返回 0。

由于矩阵键盘的扫描算法比较抽象,而且编程设计有一定的难度,因此给出程序的源代码 T102.c 帮助初学者学习理解,具体代码如下:

```c
//--------------------------- T102.c 程序 ---------------------
//文件名称:T102.c
//程序功能:单片机 P0 口控制"8×8"点阵,动态显示数字 1 及心形图案 1 s
//编制时间:2010 年 2 月
//-----------------------------------------------------------
#include   <AT89X52.H>         //包含程序使用的头文件
#define   uchar   unsigned char   //定义无符号字符型可以简写成 uchar
#define   uint    unsigned int    //定义无符号整型可以简写成 uint
sbit    WEI = P2^7;              //数码管的位码选通控制位,具体如图 8.3 所示
sbit    DUAN = P2^6;             //数码管的段码选通控制位,具体如图 8.3 所示
uchar number = 0;                //定义按键所代表的在 0~F 的数字

uchar Temp[] = { 0x3f,0x06,0x5b,0x4f,0x66,0x6d,0x7d,0x07,0x7f,0x6f,
                 0x77,0x7c,0x39,0x5e,0x79,0x71 };    //0~F 的共阴极显示字库
uchar keyboard_scan[ ] = {0xef,0xdf,0xbf,0x7f};      //数码管的列扫描码

void delay(uint z)               //定义 1 ms 延时子函数,晶振是 11.059 2 MHz
{
    uint x, y;
    for(x = z; x>0; x--)
        for(y = 115; y>0; y--);
}
```

```
void duan_display(uchar a)          //数码管的段显示子函数
{   DUAN = 1;
    P0 = Temp[a];
    DUAN = 0;
    delay(10);
}

uchar Keyboard( )                   //按键扫描函数,返回按键对应的数字
{   uchar i,j,temp;                 //定义3个无符号字符型变量
    for(i = 0;i<4;i++)              //循环进行4列扫描
    {   P3 = keyboard_scan[i];      //给P3口赋列扫描码,进行列扫描
        temp = P3;                  //读行线的值给变量temp
        temp = temp<<4|0x0f;        //对扫描结果进行移位处理
        for(j = 0;j<4;j++)          //将扫描结果与按键的列扫描码比较
        {   if(keyboard_scan[j] = = temp)   number = i*4+j;
            //若比较的结果相等,则获得按键代表的数字
            while(keyboard_scan[i]! = P3)   //不等代表松开按键
            { P3 = keyboard_scan[i]; }      //松开后P3口复原为原来列的扫描码
        }
    }
    return number;                  //返回按键对应的0~F的数字
}
void main( )
{   WEI = 1;                        //8个数码管的位选端为低电平有效,全显示
    P0 = 0;
    WEI = 0;
    while(1)
    { duan_display(Keyboard( )); }  //调数码管的段显示函数,参数为按键对应的数字
}
//--------------------------T102.c 程序结束------------------
```

3. 选做题

（1）请参考下面的电路图 10.5 以及图 9.5 中 "8×8" 点阵的英文字母字形图,使用 C51 语言进行独立键盘控制的程序设计。要求当 S4 键按下时,点阵中显示的数字加 1,点阵的显示范围是 0~F,需要进行软件仿真以及实际硬件的调试运行。

（2）请根据实验内容 2 的要求,使用行扫描法以及行反转法设计 C51 程序,并进行软件仿真和实际的硬件调试运行。

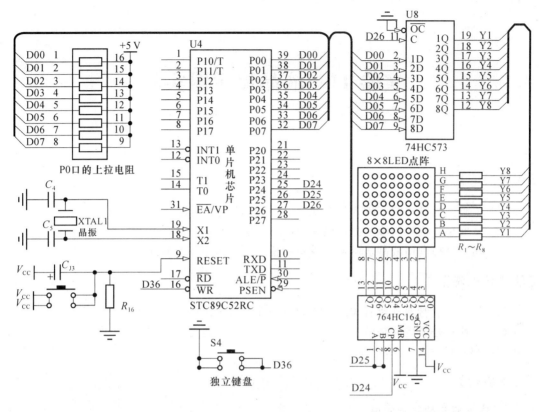

图 10.5 独立按键控制点阵显示的电路图

【实验报告】

(1) 总结具有独立键盘的单片机系统和具有矩阵键盘的单片机系统的软硬件设计原理与方法;

(2) 写出所做实验程序的源代码,给每行语句加上详细的注释,并画出程序流程图;

(3) 叙述程序调试过程中遇到的问题以及解决方法,写出本次实验的收获和心得体会。

实验 11 液晶显示器实验

【实验目的】

(1) 了解液晶显示的基础知识以及 1602 液晶显示模块的工作原理；
(2) 掌握单片机控制液晶显示模块 1602 的软、硬件设计方法；
(3) 初步掌握利用液晶显示器实现单片机应用系统显示功能的方法。

【预习与思考】

(1) 预习本实验原理及有关液晶显示以及 1602 液晶显示模块的相关内容。
(2) 单片机是如何控制液晶显示模块 1602 来实现英文字母、数字以及简单的符号、图案和汉字显示的？

【实验原理】

1. 液晶显示的基础知识

液晶显示器(Liquid Crystal Display,LCD)是一种被动式发光的显示器。由于液晶这种物质本身并不发光，它只是在外加电场的作用下使液晶内部的分子有序排列，从而改变通过这些液晶分子的光线方向，光线再经过底板的折射、反射、散射最终进入人们的视野中。通常，在没有给液晶外加电场时，液晶内部的分子是杂乱无章排列的，因此任何光线都无法通过，都会被杂乱排列的分子阻挡，所以不会有任何光线透过，并折射、反射回人们的视野中。目前，液晶显示器的使用越来越广泛，它具有重量轻、体积小、功耗低、抗干扰能力强等优点，广泛应用于人们的生活、仪器仪表、控制系统等领域。

液晶显示器的种类很多，这里按排列形状将其分为 3 类：段码型、点阵字符型以及点阵图形型。每种类型的含义具体如下。

(1) 段码型：也称为笔段型液晶显示器，是以长条形组成的字符进行显示的。主要用于数字显示，也可用于英文字母及部分符号的显示中。段码型液晶显示器的显示原理类似于 LED 数码管的显示原理，较为简单，但不能用于对复杂内容的显示，常用于早期的仪器、仪表、计算器等设备中。

(2) 点阵字符型：主要用于显示字母、符号、数字以及简单的汉字等信息。这种液晶显示器由很多"5×7"或"5×10"的点阵组成，每个点阵显示 1 个字符。目前，此类显示器广泛用于单片机的设计中。

(3) 点阵图形型：这种液晶显示器排列成多行或多列，形成矩阵式的晶格点，点的大小可以根据清晰程度进行设计。此类液晶显示器应用于图形、复杂汉字以及曲线等信息的显示，并且能够实现显示屏幕的闪烁、左右滚动、动画、分区开窗口、反转等多种功能，用途较广泛,常用于液晶彩电、游戏机、笔记本式计算机等高端电器设备中。虽然这种类型的液晶显示器功能比前面两种更强一些,但是控制起来也是最复杂的,而且价格较高。通常,在单片机的项目设计中多使用第 2 种点阵字符型的液晶显示器。

在这里,对单片机常用的点阵字符型液晶显示器进行简要的介绍。如果要使用点阵字符型 LCD 显示器,必须有相应的 LCD 控制器、驱动器来对 LCD 显示器进行扫描、驱动,并且还要有一定容量的 RAM 和 ROM 作为显存,来保存单片机写入的命令以及要显示的字符点阵数据。在早期,通常将 LCD 显示屏幕、LCD 控制器以及 LCD 驱动器各自分开设计,然后再组合到一起进行工作,这样集成度低、开发周期较长,应用起来并不方便。但是,随着科学技术的进步,目前人们已经将 LCD 控制器、驱动器、ROM、RAM 以及 LCD 显示屏幕集成在一块 PCB 电路板上,形成了一个专用的模块,人们习惯称它为液晶显示模块(LCD Module,LCM)。LCM 的出现大大方便了单片机对液晶显示器的控制,只要单片机向 LCM 发出相应的控制命令以及要显示的数据,液晶显示器就会将相应的字符显示出来,这使得硬件接口电路的设计更为简单,使用起来更加方便、灵活。

目前,常用的点阵字符型 LCM 主要包括:16 个字符×1 行、16 个字符×2 行、20 个字符×2 行、40 个字符×2 行等类型。这些类型的 LCM 中,多数使用的控制器芯片都是日本日立公司的 HD44780 芯片,这一点对于单片机控制各厂商生产的 LCM 更加方便、通用。本次实验,将使用"16 字符×2 行"的液晶显示模块 1602 来进行液晶显示器的应用设计。

2. 液晶显示模块 1602 的工作原理

(1) 1602 液晶显示模块简介

1602 液晶显示模块,是点阵字符型液晶显示模块,可以用来显示字母、符号、数字以及简单的汉字和图案等信息。如图 11.1 所示,是点阵字符型 1602 液晶显示模块的正面以及背面的实物图。"1602"的含义是这类液晶显示模块每行能够显示 16 个字符,一共可以显示 2 行。该液晶显示模块,分为带背光和不带背光两类,两者在应用过程中功能基本类似,只是带背光的模块更厚一些,通常的背光颜色以黄绿色和蓝色为主。目前,多数 1602 液晶显示模块的生产厂商使用的控制器芯片都是日立公司的 HD44780,这使得单片机对 1602 液晶模块的控制更加统一和简便。1602 液晶显示模块的主要技术参数如下:

① 显示容量,为 16 个字符×2 行,即每屏幕最多显示 32 个字符;
② 模块工作电压,在 4.5～5.5 V 之间,模块的最佳工作电压为 5 V;
③ 模块工作电流,在最佳工作电压 5 V 时,工作电流是 2 mA;
④ 显示字符的大小,每个被显示的字符大小为 2.95 mm×4.35 mm(字符的宽度乘高度)。

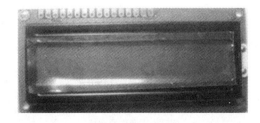

图 11.1　点阵字符型 1602 液晶显示模块的正面与背面实物图

(2) 1602 液晶显示模块的管脚介绍

通常,带背光的 1602 液晶显示模块具有 16 个管脚,不带背光的液晶显示模块具有 14 个管脚,这里以 16 管脚的模块来进行介绍。如图 11.2 所示,是带背光模块的实际管脚图,表 11-1 说明了这些管脚的功能。从图中和表中可以看到,这 16 个管脚中,数据管脚占有 8 个即 7～14 号管脚,它们主要与单片机的并行口相连,负责接收单片机发送的控制命令以及与单片机进行显示数据的收发;电源与地的管脚有 4 个,分别是 1、2、15 和 16 号管脚,其中 15、16 号管脚为背光的电源和地,而 1、2 号管脚为模块的电源和地;剩下的 4 个管脚,相对来讲更加重要,它们是液晶显示模块的调节与控制管脚,其中 3 号管脚用于调节模块的对比度,通常该管脚接地时模块的对比度最高,而接 5 V 时对比度最低,一般情况下将此管脚连接到一个 10 kΩ 的电位器上,来调节出合适的显示对比度;另外的 3 个管脚用于连接单片机 I/O 口管脚,对液晶显示模块进行控制,其中 4 号管脚 RS,用于选择模块内部的数据寄存器或指令寄存器,当此管脚为低电平时选择指令寄存器,高电平时选择数据寄存器,5 号管脚 RW 用于读写操作,当此管脚为低电平时代表写操作,高电平时代表读操作,6 号管脚 E 用于读写使能控制,当此管脚为高电平时进行读操作,下降沿时用于执行命令操作。

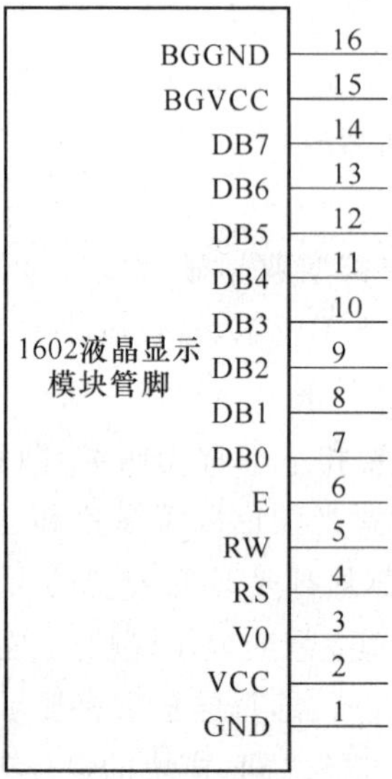

图 11.2 点阵字符型 1602 液晶显示模块的管脚图

表 11-1 点阵字符型 1602 液晶显示模块的管脚功能表

管脚号	管脚名称	管脚功能说明
1	GND	模块的电源地端
2	VCC	模块的电源正端
3	VO	LCD 的对比度调节
4	RS	指令寄存器或数据寄存器的选择
5	RW	读或写操作的选择
6	E	读或写操作的使能信号

续表

管脚号	管脚名称	管脚功能说明
7	DB0	数据0
8	DB1	数据1
9	DB2	数据2
10	DB3	数据3
11	DB4	数据4
12	DB5	数据5
13	DB6	数据6
14	DB7	数据7
15	BGVCC	背光源的正极
16	BGGND	背光源的负极

(3) 1602液晶显示模块的读写时序

通过上面对1602液晶显示模块的管脚分析,可以知道单片机控制液晶模块,主要是通过3个控制管脚来进行的。具体而言,通过RS管脚的高低电平来选择对数据寄存器还是指令寄存器进行操作,通常数据寄存器存放的是待显示的字符,指令寄存器中存放的是对液晶模块操作的指令;通过RW管脚的高低来具体选择对液晶模块进行的是读操作还是写操作,这里可以将RS和RW两个管脚的电平进行组合排列:当RS和RW都为低电平时代表对指令寄存器进行写操作,即接收单片机发送过来的控制指令,当RS为低电平而RW为高电平时代表读液晶模块的状态以及内部存储器的指针地址,当RS为高电平而RW为低电平时代表向数据寄存器内写数据,即单片机将待显示的数据发送给液晶模块,当RS和RW都为高电平时代表读模块中数据寄存器的内容;最后一个控制管脚E用于对上面的读写操作进行使能,当此管脚为高电平时进行读操作,而当此管脚为下降沿时代表执行指令寄存器内的命令。这3个控制管脚的工作时序,如图11.3所示。

(4) 1602液晶显示模块的地址映射

在1602液晶显示模块的内部,主要包括液晶显示屏幕、列驱动器、偏压调节电路以及控制器等部件。控制器是液晶模块的核心,它主要是由指令寄存器(IR)、数据寄存器(DR)、忙标志(BF)、地址计数器(AC)、数据显示寄存器(DDRAM)、模块内固有的字符产生器(CGROM)以及用户自定义的字符产生器(CGRAM)等组成。其中,数据显示寄存器DDRAM用于存储显示字符的ASCII码,其容量为80个字节。DDRAM的地址与1602液晶模块的显示位置有着一一对应的关系,具体如图11.4所示。从图中可以看到,LCD第1行显示的16个字符依次对应DDRAM的地址是00H~0FH,而LCD第2行显示的16个字符依次对应DDRAM的地址是40H~4FH。在进行数据显示的操作过程中,只要向液晶模块显示位置的相应DDRAM地址中写入待显示数据的ASCII码,则在LCD的相应位置就会出现所写的字符。因此,要特别注意显示位置和DDRAM地址的对应关系。

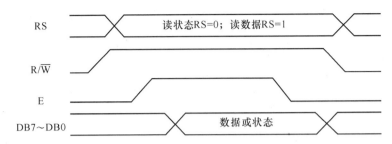

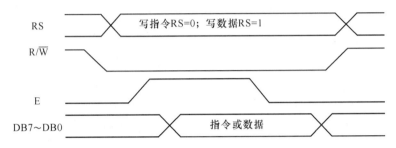

图 11.3　点阵字符型 1602 液晶显示模块的读/写时序图

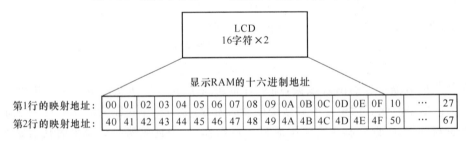

图 11.4　点阵字符型 1602 液晶显示模块的显示地址映射图

(5) 1602 液晶模块的控制指令

1602 液晶控制模块有 11 类基本指令功能,具体格式如表 11-2 所示。从表 11-2 可知,RS 和 RW 分别代表 1602 模块的两个控制管脚,它们的值由单片机的 I/O 管脚进行控制,决定了读/写操作以及数据/指令寄存器的选择;而表中的 D7～D0 代表 1602 模块的数据线 DB7～DB0,它们与单片机的一个并行 I/O 口相连,负责收发数据以及指令码。

表 11-2　点阵字符型 1602 液晶显示模块的指令功能表

指令序号	指令功能	控制管脚 RS 和 RW 以及指令码的设置								
		RS	RW	D7	D6	D5	D4	D3	D2	D1	D0
1	清除显示	0	0	0	0	0	0	0	0	0	1
2	地址归位,光标返回	0	0	0	0	0	0	0	0	1	*
3	光标和显示模式设置	0	0	0	0	0	0	0	1	I/D	S

续表

指令序号	指令功能	控制管脚 RS 和 RW 以及指令码的设置							
		RS	RW	D7	D6	D5	D4	D3	D2	D1	D0
4	显示状态开/关	0	0	0	0	0	0	1	D	C	B
5	光标移位和字符移位	0	0	0	0	0	1	S/C	R/L	*	*
6	工作方式设置	0	0	0	0	1	DL	N	F	*	*
7	设定 CGRAM 的地址	0	0	0	1	自定义字符发生器的地址				
8	设定 DDRAM 的地址	0	0	1	数据显示寄存器的地址					
9	读 BF 和 AC 的地址	0	1	BF	计数器的地址						
10	写数据到两类 RAM 中	1	0	要写入 RAM 的数据内容							
11	从两类 RAM 中读数据	1	1	从 RAM 读出的数据内容							

备注:图中 * 号处的值,可以是 1 和 0 中的任意值,这里的 1 为高电平,0 为低电平。

下面将具体介绍表 11-2 中各类指令的应用含义,以及设置过程中的注意事项。

① 指令 1:功能是清除显示。指令码为 01H,用于向所有 DDRAM 地址单元发送"空格"的 ASCII 码 20H,清除显示屏幕的所有信息,并使光标复位到 DDRAM 的 00H 地址。

② 指令 2:功能是地址归位以及光标返回。用于将 DDRAM 地址归位到 00H,并使光标返回到 DDRAM 的 00H 地址处,此指令不改变 DDRAM 中的原有数据。

③ 指令 3:功能是光标和显示模式的设置。其中,I/D 位用于设置光标的移动方向,当此位为高电平时光标向右移,当此位为低电平时光标向左移;S 位用于设置屏幕上的字符是否左移或右移,当此位为高电平时有效,低电平时无效。注意,光标的移动和屏幕上的字符移动不能同时进行,要么移动光标,要么移动整个屏幕上的字符。

④ 指令 4:功能是显示状态的开/关。其中,D 位用于控制整个显示屏的开关,当此位为高电平时显示屏开启,当此位为低电平时显示屏关闭,但显示的数据仍然保存在 DDRAM 中;C 位用于控制光标是否出现,当此位为高电平时光标会出现在地址计数器 AC 所指的位置上,当此位为低电平时光标不会出现;B 位用于控制光标出现后是否会闪烁,当此位为高电平时光标出现后会闪烁,当此位为低电平时光标不会闪烁。

⑤ 指令 5:功能是光标和字符的移位。其中,S/C 位用于控制光标还是字符进行移位,当此位为高电平时字符和光标同时移位,当此位为低电平时光标移位;R/L 位用于控制移位的方向,当此位为高电平时向右移,当此位为低电平时向左移。这里需要注意,当向左移动时地址计数器 AC 自动减 1,当向右移动时地址计数器 AC 自动加 1。

⑥ 指令 6:功能是液晶屏幕的工作方式设置。其中,DL 位用于控制数据传输的长度,当此位为高电平时数据的传输长度为 8 位,使用 DB7~DB0 来传输数据,当此位为低电平时数据的传输长度为 4 位,使用 DB7~DB4 来传输数据,此时需要分两次来传送 1 个完整的字符;N 位用于控制显示屏幕的显示行数,当此位为高电平时屏幕为 2 行,当此位为低电平时屏幕为 1 行;F 位用于设置显示字符的大小,当此位为高电平时屏幕显示的字符大小为"5×10"点阵,属于较大字符的显示,当此位为低电平时屏幕显示的字符大小为"5×7"点阵,属于较小字符的显示。

⑦ 指令 7：功能是设置用户自定义的字符发生器（CGRAM）的地址。其中，低 6 位即 D5～D0 位的值，代表下一个要读/写数据的 CGRAM 地址。

⑧ 指令 8：功能是设置数据显示寄存器（DDRAM）的地址。其中，低 7 位即 D6～D0 位的值，代表下一个要读/写数据的 DDRAM 地址。

⑨ 指令 9：功能是读液晶显示模块的忙标志（BF）和地址计数器（AC）中的地址。其中，当 BF 位的值为高电平时，代表液晶模块工作忙，不能接收单片机发送的数据和命令，只有当 BF 为低电平时才代表液晶模块不忙，单片机的 CPU 才能访问该模块，并发送指令或数据。由于液晶显示模块每条指令执行的时间较长，因此属于慢速设备，所以在每条指令发送前，最好先读一下 BF 标志，当 BF 为 0 时才能发送控制指令或待显示的数据。该指令的低 7 位即 D6～D0 位代表 CGRAM 或者 DDRAM 的地址，具体是指向 CGRAM 还是 DDRAM，主要取决于最后一次对 CGRAM 或者 DDRAM 地址设置的指令即指令 7 和 8，哪条指令最后一次出现，则 AC 的地址就指向哪个 RAM。

⑩ 指令 10：功能是写数据到 CGRAM 或者 DDRAM 中。在写数据时，需要先设定 CGRAM 或者 DDRAM 的地址，然后将数据通过 DB7～DB0 数据线写入相应的 RAM 中。当数据写入 DDRAM 中时，则在 LCD 上显示出相应的字符，若将数据写入 CGRAM，则代表将用户自己创建的字符加入 CGRAM 中。

⑪ 指令 11：功能是从 CGRAM 或者 DDRAM 中读出数据。在读数据时，需要先设定 CGRAM 或者 DDRAM 的地址，然后将数据通过 DB7～DB0 数据线读出到单片机中。

【实验设备和器件】

（1）PC 一台，操作系统为 Windows XP，内存 256 MB 以上，硬盘 10 GB 以上；
（2）Keil μVision2 集成开发环境的安装软件，并将该软件安装到 PC 上正常工作；
（3）单片机应用系统开发板一个，开发板上配有进行单片机实验所必要的各种硬件资源，同时需要与 PC 相连的串口线和 USB 连接线各一条。

【实验内容】

1. 液晶模块 1602 的静态显示

如图 11.5 所示，设计一个单片机控制液晶显示模块 1602 的应用系统，该系统使用 P0 口连接 1602 模块的数据线 DB7～DB0，使用单片机的 P3.5、P2.7 以及 P3.4 管脚，来依次控制液晶模块的 RS、RW 以及 E 管脚。请设计 C51 语言程序，使该系统上电后，单片机完成对液晶显示模块的控制。具体要求在 1602 模块的第 1 行居中显示英文"HELLO WORLD!"，在第 2 行居中显示"How are you!"。

实验提示

从图 11.5 中可以看到，除了单片机系统的时钟电路、复位电路以及 P0 口的上拉电阻以外，单片机使用并行口 P0 连接 1602 液晶显示模块的数据总线端，使用 P3.5、P2.7 以及 P3.4 管脚，来依次控制液晶模块的 RS、RW 以及 E 管脚，这里需要注意 1602 模块的 3 号管脚功能是进行显示对比度的调节,通常要接一个电位器以根据不同厂商的液晶模块来实时调节。

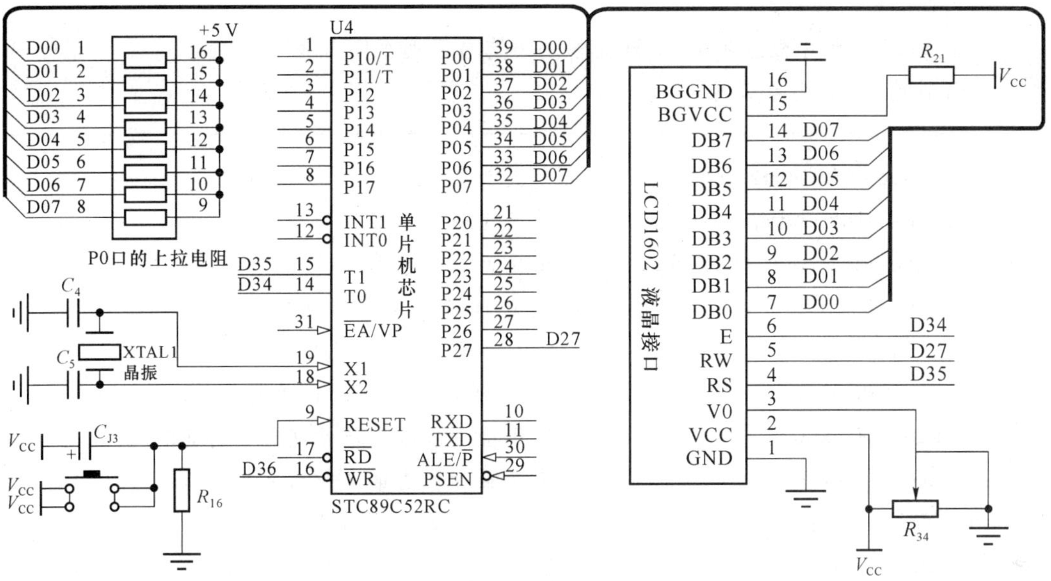

图 11.5 单片机控制 1602 液晶显示模块的电路图

在进行 C51 程序的设计过程中,首先要理解 1602 液晶显示模块的工作步骤,然后根据它的工作步骤来编写相应的代码。通常 1602 液晶显示模块的工作过程分为 3 步:第 1 步,先对 1602 模块进行初始化;第 2 步,单片机向 1602 模块发送操作命令或数据;第 3 步,在 1602 模块工作不忙的前提下,接收单片机发送的命令或数据,并完成相应的动作。在这里,初始化的过程更为重要,如果详细地分,共有 11 个步骤,具体如下:

(1) 写指令 38H,不检测模块的忙信号;

(2) 延时 5 ms;

(3) 写指令 38H,不检测模块的忙信号;

(4) 延时 5 ms;

(5) 写指令 38H,不检测模块的忙信号;

(6) 延时 5 ms,以上 3 次相同的操作,作用是使 1602 液晶显示模块处于工作状态;

(7) 写指令 38H,设置显示模块的工作方式,从此步开始,每次写指令以及读写数据之前,都要对 1602 液晶模块进行忙检测,因为液晶显示模块属于慢速设备;

(8) 写指令 08H,设置液晶模块处于关闭状态;

(9) 写指令 01H,将液晶模块的显示屏幕清空;

(10) 写指令 06H,将液晶模块的光标设置为向右移动;

(11) 写指令 0CH,以上 10 步操作结束后,将液晶模块的显示启动。

至此,将 1602 液晶显示模块的初始化过程已经简要地介绍完毕了。为了便于初学者学习和理解液晶显示模块应用系统的软件程序设计,给出了单片机控制液晶显示模块 1602 的 C51 程序源代码 T111.c,具体如下:

//------------------------T111.c 程序--------------------
//文件名称:T111.c
//程序功能:单片机控制1602液晶模块静态显示两个字符串
//编制时间:2010年2月
//--
```c
#include <AT89X52.h>           //定义头文件
#define uint unsigned int      //定义无符号整形
#define uchar unsigned char    //定义无符号字符型
#define RS P3_5                //定义1602的寄存器选择管脚为P3.5
#define E P3_4                 //定义1602的读写使能管脚为P3.4
#define RW P2_7                //定义1602的读写选择管脚为P2.7
#define BF 0x80                //用于检测液晶模块忙状态的标识符号
sbit a7 = ACC^7;               //定义累加器的第7位为a
sbit WEI = P2^7;               //定义数码管的位选端为P2.7
sbit DUAN = P2^6;              //定义数码管的段选端为P2.6
sbit DATA_164 = P2^5;          //用P2.5模拟164的串口数据
sbit CLK_164 = P2^4;           //用P2.4模拟164的串口时钟
uchar code row1[] = {" HELLO WORLD! "};    //定义第1行显示的字符
uchar code row2[] = {" How are you! "};    //定义第2行显示的字符
//----------------------------------------------------
void Delay5ms( )               //5 ms 延时子程序
{
 uint c = 525;
 while(c--);
}

void Delay400ms( )             //400 ms 延时子程序
{
 uchar a = 5;
 uint b;
 while(a--)
 {
  b = 6700;
  while(b--);
 }
}
```

```c
void out_164(uchar data_buf)        //164串行移位发送函数
{
  uchar i;
  i = 8;
  ACC = data_buf;
  do
   {
      CLK_164 = 0;
      DATA_164 = a7;
      CLK_164 = 1;
      ACC = ACC<<1;
   }
  while( -- i! = 0);
}

void GDZ( )                         //点阵关闭子函数
{ out_164(0x00); }

void GLED( )                        //关闭LED的子函数
{
     WEI = 1;
     P0 = 0xFF;
     WEI = 0;
     DUAN = 1;
     P0 = 0x00;
     DUAN = 0;
}
uchar Rstate( )                     //读1602模块的状态
{
  P0 = 0xFF;
  RS = 0;
  RW = 1;
  E = 0;
  E = 0;
  E = 1;
  while(P0 & BF);                   //检测忙信号
  return(P0);                       //返回地址计数器中的地址
```

```c
    }

    void Wdata(uchar dat)                //向1602模块写数据
    {
      Rstate( );                         //检测忙否
      P0 = dat;
      RS = 1;
      RW = 0;
      E = 0;                             //若晶振频率高,则有几个小延时
      E = 0;                             //延时
      E = 1;
    }

    void Wcomd(uchar cmd,BFC)            //向模块发命令,BFC为0时不忙检
    {
       if(BFC)Rstate( );                 //根据BFC的值进行忙检
      P0 = cmd;
      RS = 0;
      RW = 0;
      E = 0;
      E = 0;
      E = 1;
    }

    /* uchar Rdata( )                    //从1602模块读数据
    {
      RS = 1;
      RW = 1;
      E = 0;
      E = 0;
      E = 1;
      return(P0);
    } */

    void Init( )                         //初始化1602模块
    {
      P0 = 0;
```

```
    Wcomd(0x38,0);              //3次显示模式设置,不忙检
    Delay5 ms( );
    Wcomd(0x38,0);
    Delay5 ms( );
    Wcomd(0x38,0);
    Delay5 ms( );

    Wcomd(0x38,1);              //工作模式设置,8位数据线,双行显示,要忙检
    Wcomd(0x08,1);              //关闭显示屏幕和光标
    Wcomd(0x01,1);              //显示清屏
    Wcomd(0x06,1);              //显示光标向右移
    Wcomd(0x0C,1);              //显示屏幕开启,但光标不出现
}


void Dchar(uchar X, uchar Y, uchar DData)
{                               //按指定位置在每行显示一个字符
    Y & = 0x1;
    X & = 0xF;                  //限制X不能大于15,Y不能大于1
    if(Y)X| = 0x40;             //当要显示第二行时地址码 + 0x40;
    X| = 0x80;                  //算出指令码
    Wcomd(X, 0);                //这里不忙检,发送地址码
    Wdata(DData);               //发送待显示的数据
}


void Dstring(uchar X, uchar Y, uchar code  * DData)
{                               //按指定位置显示一串字符
    uchar SL;                   //字符串的长度
    SL = 0;                     //初值为0
    Y & = 0x1;
    X & = 0xF;                  //限制X不能大于15,Y不能大于1
    while (DData[SL]>0x19)      //字串尾的ASCII码值为0,此时退出
    {
      if (X < = 0xF)            //X坐标应小于0xF,每行只能显示16个字符
       {
          Dchar(X, Y, DData[SL]);  //显示单个字符
          SL ++ ;
          X ++ ;
```

```
        }
      }
}

void main( )
{
    GDZ( );                    //关闭点阵
    GLED( );                   //关闭 led 数码管
    Delay400 ms( );            //启动等待,等 1602 模块进入工作状态
    Init( );                   //1602 模块初始化
    Delay5 ms( );              //延时 5 ms
    Dstring(0, 0, row1);       //从第 0 行的 00H 开始显示字符串 row1
    Dstring(0, 5, row2);       //从第 1 行的 40H 开始显示字符串 row2
    //Rdata( );
    while(1);
}
```
//————————————————— T111.c 程序结束 —————————————————

2. 液晶模块 1602 的动态显示

如图 11.5 所示,设计一个单片机控制液晶显示模块 1602 的应用系统,该系统使用 P0 口连接 1602 模块的数据线 DB7～DB0,使用单片机的 P3.5、P2.7 以及 P3.4 管脚,来依次控制液晶模块的 RS、RW 以及 E 管脚。请设计 C51 语言程序,使该系统上电后,单片机完成对液晶显示模块的动态显示控制。具体要求如下:

在 1602 模块的第 1 行居中的位置,从左向右依次动态显示英文"Good morning!",然后在第 2 行居中的位置,从左向右依次动态显示"How are you!"。显示完这两行信息后,间隔 4 s 左右的时间,上面的两行信息自动消失,接着再从第 1 行居中的位置,从右到左依次动态显示英文"Fine! Thank you!",然后再在第 2 行居中的位置,从右到左依次动态显示"And you?",上述的实验现象和过程一直循环进行下去。

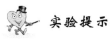
实验提示

在进行 C51 程序的设计过程中,对 1602 液晶显示模块的初始化以及控制命令编程,方法类同实验内容 1,这里就不再重复。但要注意,实验内容 2 要求一直动态显示,因此主程序的结构是无限循环结构,并且每个字符的显示都要有一定的延时,这样才会有动态的效果。由于 1602 液晶显示模块的动态显示程序,具有一定难度,因此给出程序的源代码 T112.c 帮助初学者学习理解,具体如下:

//————————————————— T112.c 程序 —————————————————
//文件名:T112.c
//程序功能:单片机控制 1602 液晶模块进行动态字符的显示。

```
//编制时间:2010年2月
//----------------------------------------------------------
  #include <AT89X52.h>
  #include <intrins.h>
  #define uchar unsigned char         //定义无符号字符型
  #define RS P3_5                     //定义1602的寄存器选择管脚为P3.5
  #define E P3_4                      //定义1602的读写使能管脚为P3.4
  #define RW P2_7                     //定义1602的读写选择管脚为P2.7

  sbit a7 = ACC^7;                    //定义累加器的第7位为a
  sbit WEI = P2^7;                    //定义数码管的位选端为P2.7
  sbit DUAN = P2^6;                   //定义数码管的段选端为P2.6
  sbit DATA_164 = P2^5;               //用P2.5模拟164的串口数据
  sbit CLK_164 = P2^4;                //用P2.4模拟164的串口时钟

  uchar code dis1[ ] = {" Good morning! "};    //定义动态显示的字符串
  uchar code dis2[ ] = {" How are you! "};
  uchar code dis3[ ] = {"! uoy knahT ! eniF"};
  uchar code dis4[ ] = {" ? uoy dnA "};

  void out_164(uchar data_buf)        //164串行移位发送函数
  {
  uchar i;
   i = 8;
   ACC = data_buf;
   do
   {
     CLK_164 = 0;
     DATA_164 = a7;
     CLK_164 = 1;
     ACC = ACC<<1;
   }
   while(--i! = 0);
  }

  void GDZ( )                         //点阵关闭子函数
  {
```

```
    out_164(0x00);
}

void GLED( )                          //关闭LED的子函数
{
    WEI = 1;
    P0 = 0xFF;
    WEI = 0;
    DUAN = 1;
    P0 = 0x00;
    DUAN = 0;
}

    delay(int ms)
    {                                 // 每次延时 5 ms 子程序
      int i;
      while(ms -- )
      {
       for(i = 0; i<280; i ++ )
       {
        _nop_();
        _nop_();
        _nop_();
        _nop_();
       }
      }
    }

    bit busy( )
    {                                 // 测试 LCD 忙碌状态
      bit result;
      RS = 0;
      RW = 1;
      E = 1;
      _nop_();
      _nop_();
      _nop_();
```

```
    _nop_();
    result = (bit)(P0 & 0x80);
    E = 0;
    return result;
}

wcmd(uchar cmd)
{                                           // 写入指令数据到 LCD
    while(busy( ));
    RS = 0;
    RW = 0;
    E = 0;
    _nop_();
    _nop_();
    P0 = cmd;
    _nop_();_nop_();_nop_();_nop_();
    E = 1;
    _nop_();_nop_();_nop_();_nop_();
    E = 0;
}
    pos(uchar pos)
    {                                       //设定显示位置
        wcmd(pos|0x80);
    }

wdat(uchar dat)
{                                           //写入字符显示数据到 LCD
    while(busy( ));
    RS = 1;
    RW = 0;
    E = 0;
    P0 = dat;
    _nop_();
    _nop_();
    _nop_();
    _nop_();
    E = 1;
```

```
    _nop_();
    _nop_();
    _nop_();
    _nop_();
    E = 0;
}

init( )
{                                   //LCD 初始化设定
    wcmd(0x38);
    delay(1);
    wcmd(0x38);
    delay(1);
    wcmd(0x38);
    delay(1);
    wcmd(0x38);                     //16*2 显示,5*7 点阵,8 位数据
    delay(1);
    wcmd(0x08);                     //关显示屏
    delay(1);
    wcmd(0x01);                     //清除 LCD 的显示内容
    delay(1);
    wcmd(0x06);                     //移动光标
    delay(1);
    wcmd(0x0C);                     //显示开、关光标
    delay(1);
}

void main( )
{
    uchar i;
    GDZ( );                         //关点阵
    GLED( );                        //关数码管
    init( );                        //初始化 LCD
    delay(10);

    while(1)
    {
```

```
    wcmd(0x06);              //向右移动光标
    pos(0);                  //设置显示位置为第一行的第1个字符
    i = 0;
    while(dis1[ i ] ! = '\0')
    {                        //显示字符"Good morning!"
      wdat(dis1[ i ]);
      i ++ ;
      delay(30);             //控制两字之间显示速度
    }
    pos(0x40);               //设置显示位置为第二行第1个字符
    i = 0;
    while(dis2[ i ] ! = '\0')
    {
      wdat(dis2[ i ]);       //显示字符"How are you!"
      i ++ ;
      delay(30);             //控制两字之间显示速度
    }
    delay(800);              //控制停留时间
    wcmd(0x01);              //清除LCD的显示内容
    delay(1);
    wcmd(0x04);              //向左移动光标
    pos(15);                 //设置显示位置为第一行的第16个字符
    i = 0;
    while(dis3[ i ] ! = '\0')
    {                        //显示字符"Fine! Thank you!"
      wdat(dis3[ i ]);
      i ++ ;
      delay(30);             //控制两字之间显示速度
    }
    pos(0x4F);               //设置显示位置为第二行的第16个字符
    i = 0;
    while(dis4[ i ] ! = '\0')
    {
      wdat(dis4[ i ]);       //显示字符"And you?"
      i ++ ;
      delay(30);             //控制两字之间显示速度
    }
```

```
        delay(800);                    //控制停留时间
        wcmd(0x01);                    //清除 LCD 的显示内容
        delay(200);                    //控制两屏转换时间
    }
}
//————————————————T112.c 程序结束————————————————
```

3. 选做题

(1) 请参考图 11.5 的电路,使用 C51 语言进行 1602 液晶模块的静态显示程序设计。要求第 1 行居中显示数字"123456789",第 2 行居中显示数字"ABCDEF",需要进行软件仿真以及实际硬件的调试运行。

(2) 请使用 C51 语言进行 1602 液晶模块的动态显示程序设计。要求设计 1 个电子计时表,第 1 行居中显示年、月、日,例如格式可以为"2010-2-12";第 2 行居中显示小时、分钟、秒数,例如格式可以为"11:22:33"。在设计过程中,要求进行软件仿真以及实际硬件的调试运行。

【实验报告】

(1) 总结单片机控制液晶显示模块,进行静态以及动态显示的软、硬件设计原理与方法;

(2) 写出所做实验程序的源代码,给每行语句加上详细的注释,并画出程序流程图;

(3) 叙述程序调试过程中遇到的问题以及解决方法,写出本次实验的收获和心得体会。

实验 12 外部中断实验

【实验目的】

(1) 理解中断的基本概念,了解 MCS-51 单片机的中断系统;
(2) 理解外部中断的作用及基本应用;
(3) 掌握单片机使用外部中断的简单应用系统的设计方法和调试方法。

【预习与思考】

(1) 预习本实验原理以及配套理论教材"中断系统"的相关内容。
(2) 什么是中断?中断有什么用途?
(3) 什么是外部中断?MCS-51 单片机可以处理哪几个外部中断?外部中断有哪几种触发方式?
(4) MCS-51 单片机有几个中断源,入口地址和默认优先级各是多少?
(5) 当有一个中断源发出中断请求时,MCS-51 单片机是如何处理的?
(6) 当有几个中断源同时发出中断时,MCS-51 单片机是如何处理的?
(7) 在使用中断的应用系统中,程序必须包括哪些部分?编制中断服务程序有哪些注意事项?

【实验原理】

1. 中断系统的基础知识

中断系统是单片机内部的重要组成部分,它的应用可以使单片机及时处理一些紧急程度更高的突发事件,提高单片机的实时处理以及故障响应能力。与此同时,在单片机与外设进行数据交换的过程中,中断系统能够提高 CPU 的工作效率。下面将具体介绍相关内容:

(1) 中断系统的基本概念

① 中断,主要是指单片机的 CPU,正在处理某一事件时,突发另一件紧急程度更高的事,并请求单片机的 CPU 迅速处理。此时,CPU 暂停当前的工作,转入处理紧急程度更高的突发事件。当处理结束以后,再返回到原来的事件继续工作。为了更好地理解中断的概念,举一个日常生活实例。例如,当在客厅看电视时,突然电话铃响了,通常要先处理紧急程度更高的接电话这件事,接完电话以后,再返回来继续看原来的电视节目,这个过程实际就是中断的过程。

② 中断源,是指产生中断信号的请求来源。在上面的例子中,中断信号是指电话的响铃音,而产生这个铃音的来源就是电话机。因此,电话机就是上面例子中的中断源。

③ 中断优先级,是根据中断源的轻重缓急程度来进行排队,把最紧急的中断源请求信号排为最高的执行级别。例如,在上面的例子中,如果在接电话的时候,突然门铃又响了,那怎么办呢?是继续接电话,还是去开门呢?通常的做法是先告诉电话的另一方稍等一会,然后把门打开,开门后再回来接电话。在这个过程中,是把开门这件事的紧急程度看得比接电话更高。因此,在这里开门这件事的中断优先级要高于接电话的优先级。

(2) 单片机的中断源

在 MCS-51 系列单片机中,中断系统通常由 5 个中断源组成。它们是外部中断 0、外部中断 1、定时/计数器 0、定时/计数器 1 以及串口中断。这 5 个中断源,依次对应单片机的 P3.2 管脚、P3.3 管脚、P3.4 管脚、P3.5 管脚以及 P3.0 和 P3.1 管脚(串口中断包括后两个管脚)。其中,定时/计数器 0、定时/计数器 1 以及串口中断,是位于单片机芯片内部的中断源称为片内中断源,而外部中断 0、外部中断 1 这两个中断源主要依靠外设对其产生中断请求信号,称为片外中断源。在一些 52 系列的单片机中,例如 AT89C52、STC89C52RC 等,它们通常多了一个中断源即定时/计数器 2,这样 52 系列的单片机一般包括 6 个中断源。

(3) 中断源的管理

单片机的中断源,主要是通过相关的中断控制寄存器来进行管理的。这样的中断寄存器主要包括中断允许寄存器 IE、中断优先级寄存器 IP、定时/计数器控制寄存器(TCON)以及串口控制寄存器(SCON),它们都是 8 位的专用寄存器。其中,IE 和 IP 寄存器用于设置各个中断源是否被允许以及优先级的高低;TCON 寄存器的高 4 位用于管理定时/计数器的相关中断,而 TCON 的低 4 位用于管理外部中断 0 和外部中断 1;SCON 用于管理串口中断。有关这些寄存器具体位的含义,请参考相关的理论内容,这里就不详细说明了。只要理解好这些寄存器中各个控制位的含义,就能更好地设计出中断系统的应用程序。

(4) 中断优先级的控制

当单片机的各中断源产生中断请求信号时,CPU 先处理哪个中断源的中断请求呢?通常,单片机根据各个中断源的中断优先级,从高级到低级依次来处理。那么如何对各个中断源,从高级到低级进行优先级的排队呢?在单片机中,使用 IP 寄存器和各个中断源的默认优先级共同为中断源进行优先级的排队。首先,通过对 IP 寄存器的设置可以确定各中断源哪些属于高级中断,哪些属于低级中断,即把所有的中断源的级别分成高级和低级两大类,单片机通常先执行高级中断,然后执行低级中断。其次,当各中断源的大类优先级相同时,即都为高级中断或都为低级中断,这时需要按照各中断源的默认优先级,来进一步确定各中断操作执行的先后顺序。MCS-51 系列单片机各中断源的默认优先级,如图 12.1 所示。从图中可以看出,当 IP 寄存器设置好各中断源的高、低优先级以后,若某些中断源同属于高级或同属于低级中断,那么它们的执行

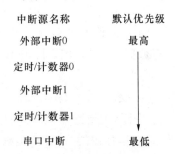

图 12.1 MCS-51 系列单片机各中断源的默认优先级

顺序会按照图中默认优先级从最高到最低依次来执行。在 5 个中断源中,默认优先级最高的是外部中断 0,接下来依次是定时/计数器 0、外部中断 1、定时/计数器 1 以及串口中断。

(5) 中断服务程序和入口地址

单片机的 CPU 根据各中断源的优先级别,来依次处理相应的中断请求信息。通常,将处理各个中断请求信息的服务程序,统称为中断服务程序。中断服务程序的主要功能是对中断源提出的中断请求信号,进行响应和处理。例如,在前面举例中,"接电话"这件事就是处理"电话铃响"的具体中断服务程序;"开门"这件事就是处理"门铃响"的具体中断服务程序。在 MCS-51 系列单片机中,当中断源产生中断请求信号时,它又是如何找到要被执行的中断服务程序呢?通常,每个中断源都有自己对应的中断服务程序入口地址,如表 12-1 所示。例如,当"定时/计数器 0"产生中断请求信号时,单片机的 CPU 会自动跳转到内存地址 000BH 处,执行中断服务程序。这里注意,中断服务程序的入口地址通常不直接存放具体的服务程序,而是存放一条跳转指令,跳转后的新地址才是真正实现具体功能的中断服务程序。为什么要这样安排呢?原因在于每两个入口地址间只有 8 个字节的内存单元,因此一般的中断服务程序是放不下的,所以安排一条跳转指令。

表 12-1 MCS-51 系列单片机的中断服务程序入口地址

中断源名称	中断服务程序的入口地址	中断源名称	中断服务程序的入口地址
外部中断 0	0003H	定时/计数器 1	001BH
定时/计数器 0	000BH	串口中断	0023H
外部中断 1	0013H		

通常,在单片机的 C51 语言中,使用中断函数来实现具体的中断服务程序。中断函数的定义格式如下:

void 中断函数名( ) interrupt m using n
{
 局部变量定义;
 中断函数体;
}

在这里需要注意,首先所有的中断函数都没有返回值,因此中断函数的类型都为空类型即 void;其次,C51 程序中的所有函数都不能直接调用中断函数,否则会产生编译错误;第三,中断函数不需要指出各中断源的入口地址,但必须使用关键字 interrupt 说明中断源的类型号 m,类型号 m 所对应的中断源名称如表 12-2 所示,m 的取值范围是 0~31,通常 MCS-51 系列单片机有 5 个中断源,所以 m 的取值范围是 0~4;第四,关键字 using 的含义是中断函数使用哪组通用寄存器,n 的取值范围是 0~3,这里 using n 可以省略,代表使用默认的第 0 组通用寄存器。

表 12-2 类型号 m 所代表的中断源

类型号 m 的值	所对应中断源的名称	类型号 m 的值	所对应中断源的名称
0	外部中断 0	3	定时/计数器 1
1	定时/计数器 0	4	串口中断
2	外部中断 1		

上面对中断系统的基础知识进行了具体介绍,在此对中断系统做个小结。MCS-51 系列单片机内部的中断系统结构,如图 12.2 所示。在图中,$\overline{INT0}$、$\overline{INT1}$ 分别代表外部中断 0 和外部中断 1 的中断请求信号;TF0、TF1 分别代表定时/计数器 0 和定时/计数器 1 的中断请求信号;TI、RI 分别代表串口中断的发送和接收数据的中断请求信号。这些中断请求信号,经过 TCON、IE、IP、SCON 4 个中断寄存器的控制,最终通过相应的入口地址来执行中断服务程序,实现各自的中断请求功能。

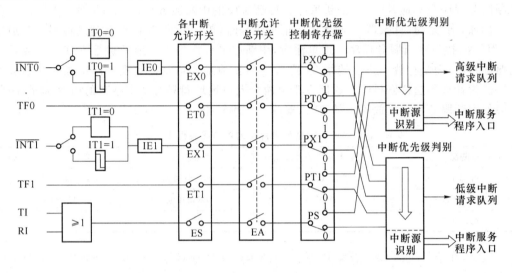

图 12.2 MCS-51 系列单片机内部的中断系统结构图

2. 外部中断的应用

本次实验主要是对外部中断 0 和外部中断 1 进行具体的应用。外部中断 0($\overline{INT0}$)和外部中断 1($\overline{INT1}$),在单片机芯片上的管脚分别是 P3.2 和 P3.3。当外部设备的信号触发这两个管脚有效时,就会到中断源的相应入口地址执行中断服务程序。在这里,需要注意外部信号对 $\overline{INT0}$ 和 $\overline{INT1}$ 的触发方式,既可以使用边沿触发也可以使用电平触发,这主要是由 TCON 寄存器中的 IT0 和 IT1 两位来分别决定的。其中,IT0 控制 $\overline{INT0}$ 的触发方式,IT1 控制 $\overline{INT1}$ 的触发方式。当这两个控制位为高电平时,使用的是下降沿触发中断请求信号;当这两个控制位为低电平时,使用的是电平方式来触发中断请求信号。通常,多使用边沿触发。为了进一步理解外部中断的应用程序设计,这里举例说明。如图 12.3 所示,按钮通过外部中断 0,以边沿触发的方式,控制小灯交替亮灭,请使用中断方式设计 C51 程序。

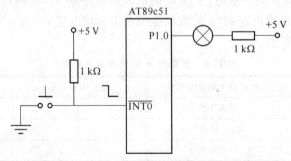

图 12.3 外部中断 0 控制小灯交替亮灭的原理图

从图 12.3 中可以看出,当按钮按下时会产生下降沿信号使$\overline{INT0}$有效,这时触发了外部中断 0 的中断请求信号,此时 CPU 会去执行中断服务程序,只要使中断服务程序完成 P1.0 管脚交替出现高、低电平,小灯就会交替亮灭。具体的 C51 参考程序如下:

```
//------------------------------------------------//
#include<reg51.h>              //单片机头文件
sbit LED = P1^0;                //定义小灯

void ExtInt0( ) interrupt 0     //中断函数
{   LED = !LED;}                //P1.0 管脚取反,即小灯的亮灭状态取反

void main( )
{
    LED = 0xff;                 //先将小灯熄灭
    EA = 1;                     //总中断允许
    IT0 = 1;                    //单脉冲下降沿触发中断有效
    PX0 = 1;                    //外部中断 0 是高优先级
    EX0 = 1;                    //允许INT0响应外部设备的触发信号
    while(1);                   //等待中断请求到来
}
//------------------------------------------------//
```

【实验设备和器件】

(1) PC 一台,操作系统为 Windows XP,内存 256 MB 以上,硬盘 10 GB 以上。
(2) Keil μVision2 集成开发环境的安装软件,并将该软件安装到 PC 上正常工作。
(3) 单片机应用系统开发板一个,开发板上配有进行单片机实验所必要的各种硬件资源,同时需要与 PC 相连的串口线和 USB 连接线各一条。

【实验内容】

1. 外部中断 0 控制小灯交替闪烁

如图 12.4 所示,设计一个单片机应用系统,并使用单片机的 P0 口控制 8 盏基于发光二极管的 LED 小灯。已知,外部中断 0 的管脚与按键 S2 相连,该系统上电后,当按键 S2 第一次按下时,4 盏小灯 D1、D3、D5、D7 点亮;当按键 S2 再次按下时,另外四盏小灯 D2、D4、D6、D8 被点亮而 D1、D3、D5、D7 被熄灭;当第三次按键 S2 时,D1、D3、D5、D7 又被点亮,而 D2、D4、D6、D8 被熄灭……,此过程循环进行,请设计 C51 程序。具体要求如下:

(1) 使用中断方式设计 C51 程序,实现单片机对 LED 流水灯的交替点亮控制,需要进行软件仿真以及硬件的运行调试;
(2) 在软件仿真的过程中,结合 Keil μVision2 集成开发环境的变量监测窗口、并行 I/O

口以及中断系统的观察窗口,使用单步调试的方式来仿真执行程序,并且掌握中断函数的仿真执行方法。

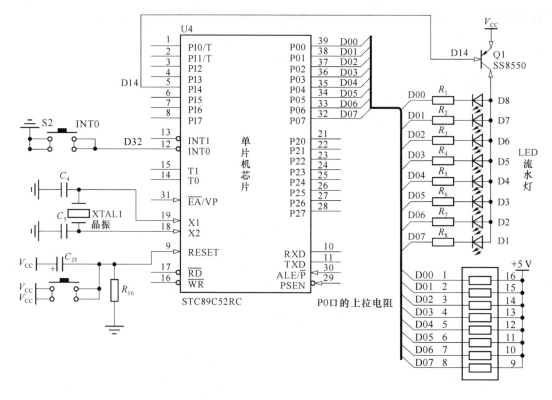

图 12.4 外部中断 0 控制小灯交替闪烁的电路图

 **实验提示**

从图 12.4 中可以看到,除了时钟电路和复位电路以外,单片机使用并行口 P0 来控制 8 盏流水灯。8 盏小灯的一端通过三极管 SS8550 连接到 +5 V 直流电源 V_{CC},另一端依次连接到 P0 口的 8 个管脚。在这里,为了使 4 盏小灯 D1、D3、D5、D7,与另外 4 盏小灯 D2、D4、D6、D8,在按键按下时交替点亮,可以首先使三极管导通,这样会给发光二极管的一端加上 +5 V 电压,然后每次按键时,执行中断函数使相应的 P0 口管脚产生低电平,这样小灯就会以 4 盏为一组,随着按键的每次按下被交替点亮。为了便于初学者学习,给出参考代码如下:

```
//-------------------------- T121.c 程序 --------------------------
//文件名称:T121.c
//程序功能:外部中断 0 控制小灯的交替亮灭。
//编制时间:2010 年 2 月
//-------------------------------------------------------------
#include <AT89X52.h>              //包含头文件
#define uint unsigned int         //定义无符号整型为 uint
#define uchar unsigned char       //定义无符号字符型为 uchar
```

```c
    sbit key = P3^2;              //定义 key 代表外部中断 0(P3.2 管脚)
    sbit SJG = P1^4;              //定义三极管的控制端 SJG 为 P1.4 管脚
    bit flag;                     //定义位变量 flag
    uchar led;                    //定义无符号字符型变量 led

    void delay(uint z)            //定义 1 ms 延时子程序
    {   uint x,y;
        for(x = z;x>0;x--)
            for(y = 115;y>0;y--);
    }

    void initial( )
    {
        EA = 1;                   //总中断允许位打开
        EX0 = 1;                  //INT0 中断允许
        IT0 = 1;                  //IT0 为 1 时,下降沿触发中断
        PX0 = 1;                  //定义外部中断 0 为高优先级中断
        P0 = 0xff;                //小灯初始为熄灭状态
        delay(1);                 //延时 1 ms
    }

    void int_0( ) interrupt 0 using 0   //中断函数 int_0,类型号为 0,用第 0 组寄存器
    {
        if(key == 0)              //P3.2 所连接按键如果按下
        { delay(11);              //按键消抖,延时 11 ms
          if(key == 0)            //消抖后 P3.2 所连接按键仍然为按下状态
          { flag = 1; }           //flag 标志置 1
        }
    }
    void main( )
    {
        initial( );               //调用初始化函数,设置中断系统及小灯初始状态
        led = 0xAA;               //给变量赋值为 0xAA
        SJG = 0;                  //将三极管导通,给发光二极管正端加 +5 V 电压
        delay(1);                 //延时 1 ms 完成动作
        while(1)
        {
            if(flag)              //若 flag 标志为 1 即产生了中断时向下执行
            {
```

```
        flag = 0;              //使变量 flag 置为 0
        led = ~led;            //led 变量的值取反(注:~为按字节取反,!为按位取反)
        P0 = led;              //将 led 的值赋给 P0,点亮小灯
        delay(1);              //延时 1 ms
      }
   }
}
//--------------------------T121.c 程序结束-------------------
```

在这里要注意,当进行 C51 程序的软件仿真时,不仅需要观察变量数值、并行 I/O 口的状态,还要监测中断系统的情况,并且能够进入到中断函数的内部仿真执行。那么如何使用 Keil μVision2 集成开发环境,进入到中断函数的内部来仿真执行呢？下面将简要介绍。

当程序处于 0 错误 0 警告时,单击"调试"菜单下的"开始/停止调试"选项,使程序进入到调试状态。此时,首先打开并行 I/O 接口的 P0、P1 和 P3 观察窗口;接下来单击"视图"菜单下的"监视 & 调用堆栈窗口"选项来打开变量的监测窗口,并将变量 led 和 flag 添加到窗口 1 中;最后单击"外围设备"菜单下的"interrupt"选项打开中断系统的观察窗口,以上各类窗口打开的具体步骤见前面的实验 9,这里不再一一重述了。

打开这些观测窗口以后,如图 12.5 所示。这时,连续按 F11 或 F10 键,程序就会停在语句"if(flag)"处,等待变量 flag 被置为 1,程序才能向下继续执行,如图 12.6 所示。那么如何进入到中断函数,将 flag 标志置位呢？这时,可以使用鼠标单击 P3 观察窗口中 P3.2 管脚下的对号,使其为低电平,这样就使外部中断 0 管脚有效并产生了中断请求,如图 12.7 所示。从图 12.7 中可以看到,此时 P3.2 管脚下的对号没有了,代表它是低电平,另外中断请求标志位 IE0 被选中,同时上面的中断请求 Req 也被设置为了 1,这些代表中断请求被单片机的 CPU 响应了。接下来,按 F11 键就可以进入到中断函数中仿真执行了,如图 12.8 所示。不断按 F11 键,就可以将程序执行完毕了。在上面的调试过程中,要重点掌握如何进入到中断函数的内部,进行仿真执行的方法。

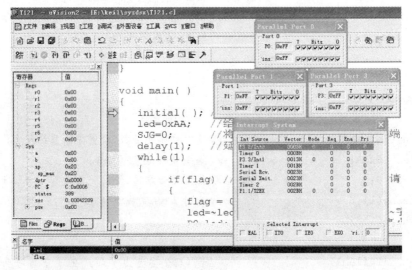

图 12.5 进入调试状态并打开各种观察窗口的界面

实验 12 外部中断实验

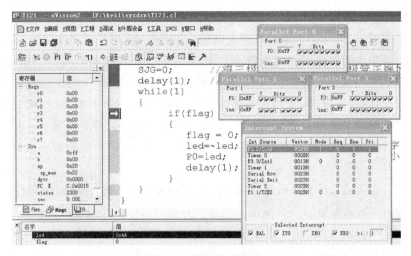

图 12.6　等待中断函数被执行的界面

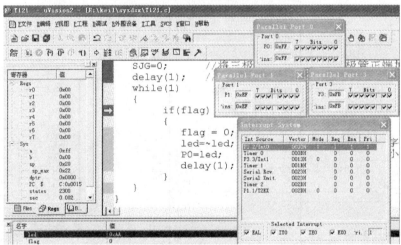

图 12.7　产生中断请求时的界面

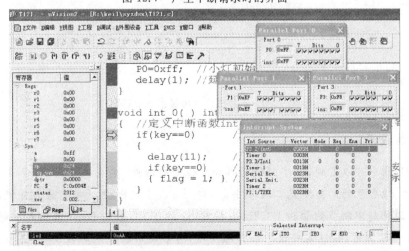

图 12.8　进入到中断函数进行仿真执行的界面

2. 单片机控制声光报警

如图 12.9 所示,设计一个单片机声光报警应用系统,使用单片机的 P0.7 和 P0.6 管脚分别控制红、绿颜色的两盏发光二极管小灯,使用 P2.2 管脚控制蜂鸣器的负极端,外部中断 0 的管脚 P3.2 与按键 S2 相连。该系统上电后,当按键 S2 第一次按下时,产生报警信息即蜂鸣器响、红灯亮,当按键 S2 再次按下时警报解除即蜂鸣器不响、红灯灭、绿灯亮,当按键 S2 第 3 次按下时又产生报警信息,而按键 S2 第 4 次按下时停止报警……按照这个规律依此类推,可以实现按键 S2 对声光报警系统的控制,请使用 C51 进行程序设计。具体要求如下:

(1) 使用中断方式设计 C51 程序,实现单片机对声光报警系统的控制以及硬件的运行调试;

(2) 在图中,如果再增加一个按钮 S 连接单片机外部中断 1 即 13 号管脚,使得 S2 按下时红灯亮蜂鸣器响,而 S 按下后,红灯灭、绿灯亮且蜂鸣器不响,设计 C51 程序并调试。

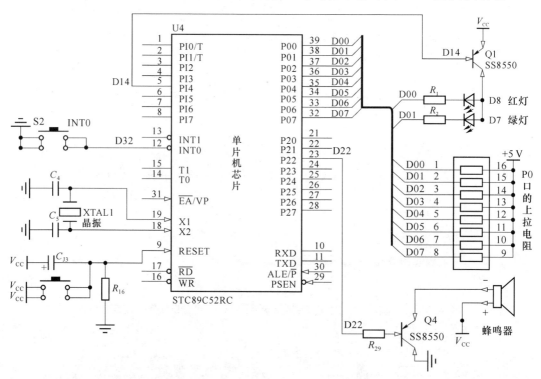

图 12.9 单片机声光报警系统电路图

实验提示

从图 12.9 中可以看到,除了时钟电路和复位电路以外,单片机使用 P0.7 和 P0.6 管脚分别控制红、绿颜色的两盏发光二极管小灯,使用 P2.2 管脚控制蜂鸣器的负极端,使用按键 S2 来控制外部中断 0 的管脚 P3.2。当按键 S2 按下时,触发 P3.2 管脚对应的外部中断 0 有效。在这里注意,按键需要进行去抖动处理,通常使用软件延时较简单,另外,外部中断 0 使用边沿触发方式。当外部中断 0 有效时,需要执行中断函数,在中断函数中可以使蜂鸣器和两盏小灯达到各自的题目要求。其中,蜂鸣器一端接+5 V 电压,另一端通过三极管由 P2.2 管脚控制,只要 P2.2 管脚为低电平,蜂鸣器就叫;而红色和绿色小灯,一端通过三极管连接到+5 V 直流电源,另一端分别连接到 P0.7 和 P0.6 管脚,当三极管导通时,只要给 P0.7 或 P0.6 管脚一个低电平,则相应的小灯就会发光。

3. 选做题

(1) 如图 12.4 所示,使用中断方式来设计单片机的流水灯应用系统。要求,当按键 S2 按下时,小灯先从 D1 依次亮到 D8,然后再倒序从 D8 亮到 D1,如此反复进行循环操作,请设计 C51 语言程序,并进行实际硬件的运行与调试。

(2) 在图 12.9 的基础上,再增加 6 盏小灯,分别由 P0.5～P0.0 管脚依次控制,使用中断方式设计单片机计数报警器系统。要求每按一次按钮 S2,计数值加 1,计数值使用 8 个小灯进行表示,计数的范围是 0～255。当计数值为 0 时,8 盏小灯都灭;计数值为 1 时,P0.0 管脚连接的小灯亮;计数值为 2 时,P0.1 管脚连接的小灯亮;计数值为 3 时,P0.1 和 P0.0 管脚连接的小灯都亮;以此规律,直到计数值增加到 255 时,8 盏小灯都亮。如果此时继续按下 S2 按键,则蜂鸣器发出报警声并且 8 盏小灯都熄灭,重新开始下一次的计数操作。请按照上面的过程设计 C51 程序,并进行实际硬件的运行与调试。

【实验报告】

(1) 总结单片机使用外部中断源控制声光应用系统的软、硬件设计方法;
(2) 写出所做实验程序的源代码,给每行语句加上详细的注释,并画出程序流程图;
(3) 在 Keil μVision2 集成开发环境中,如何仿真调试外部中断源以及实时监测变量;
(4) 叙述系统调试过程中遇到的问题和解决方法,写出本次实验的收获和心得体会。

实验 13 定时中断实验

【实验目的】

(1) 掌握单片机定时/计数器的基础知识,理解定时/计数器的基本应用;
(2) 掌握 MCS-51 单片机使用定时/计数器时设计应用系统的软、硬件方法;
(3) 掌握使用定时/计数器的应用系统的调试方法。

【预习与思考】

(1) 预习本实验原理以及配套理论教材中"定时/计数器"的相关内容。
(2) 定时器与计数器各有什么用途?
(3) MCS-51 单片机有几个定时/计数器,这些定时/计数器有几种工作方式?
(4) 怎样计算和设置定时/计数器的定时时间/计数值?
(5) 具有定时/计数器中断的应用系统的程序结构如何?中断服务程序如何设计?

【实验原理】

1. 定时/计数器的内部结构

定时/计数器是单片机内部的一个重要组成部分,它的应用可以使单片机定时完成某项工作或者对已发生的事件进行精确的计数,这在很大程度上方便了人们的日常生活和设备的控制管理。例如,智能洗衣机的定时洗衣和脱水功能、电视机的定时关闭功能,以及一些工业现场的定时/计数功能等。MCS-51 系列单片机中,有 2 个可编程的 16 位定时/计数器 T0 和 T1,用于完成定时或者计数的功能。MCS-51 系列单片机的定时/计数器内部结构,如图 13.1 所示。

从图 13.1 中可以看出,定时/计数器的内部主要由两个 16 位的"加 1"计数寄存器、工作方式寄存器(TMOD)以及控制寄存器(TCON)3 部分组成。其中,每个 16 位的计数寄存器又由高 8 位和低 8 位两个寄存器组成:对于定时/计数器 T0 而言,高、低 8 位计数寄存器由 TH0 和 TL0 构成,而定时/计数器 T1,是由 TH1 和 TL1 构成的;TMOD 寄存器,主要用于控制定时/计数器的定时或计数功能选择、定时/计数器的工作方式设置以及定时/计数器启动方式的控制;TCON 寄存器,主要用于控制定时/计数器 T0、T1 的启动、停止以及溢出标志的设置。

从图 13.1 中还可以看到,定时/计数器的工作本质实际是对两个 16 位"加 1"计数寄存器的控制。在图中,16 位计数寄存器的输入脉冲有两个来源:一个是由系统时钟经过 12 分频后产生的机器周期脉冲;另一个是由单片机管脚 T0 或 T1 输入的外部脉冲。对于定时/计数器而言,每来一个脉冲 16 位的计数寄存器就会加 1,当加到该计数寄存器的 16 位全为

1时,再输入一个脉冲,16位的计数寄存器就会产生溢出,这时计数寄存器的16位值被清零,同时TCON寄存器的溢出标志TF0或TF1将被置1,并向单片机的CPU发出中断请求。如果此时定时/计数器工作于定时模式,则代表定时的时间到;如果工作于计数模式,则代表计数值已满。

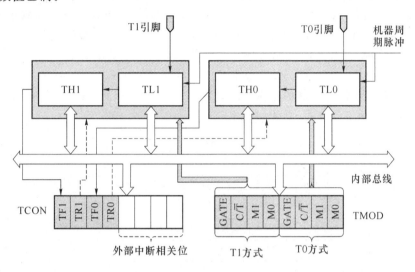

图 13.1　MCS-51系列单片机的定时/计数器内部结构

这里需要注意,当定时/计数器工作于定时模式时,16位计数寄存器是对单片机内部产生的机器周期脉冲进行计数,计数的频率为系统晶振频率的1/12,此时定时器的定时时间$T=TP×N$,TP为每个机器周期的时间,N为所计的机器周期脉冲的个数;当定时/计数器工作于计数模式时,16位计数寄存器用于对外部事件进行计数,它的值是由单片机的管脚T0或T1输入的,此时输入的值从一个高电平变化到低电平,通常至少需要2个机器周期,此时的计数频率最大为系统晶振频率的1/24。例如,当系统的晶振频率为12 MHz时,最高计数频率将不超过0.5 MHz,即计数的周期至少要大于2 μs。

2. 单片机定时/计数器的设置

从图13.1中看到,单片机使用工作方式寄存器(TMOD)和控制寄存器(TCON),来对定时/计数器T0和T1进行管理。其中,TMOD寄存器的各个功能位如表13-1所示,TCON寄存器的各个功能位如表13-2所示。

表 13-1　定时/计数器的工作方式设置寄存器 TMOD 的各功能位

D7	D6	D5	D4	D3	D2	D1	D0
GATE	C/$\overline{T}$	M1	M0	GATE	C/$\overline{T}$	M1	M0
高4位用于对T1设置工作方式				低4位用于对T0设置工作方式			

表 13-2　定时/计数器的控制寄存器 TCON 的各功能位

D7	D6	D5	D4	D3	D2	D1	D0
TF1	TR1	TF0	TR0	IE1	IT1	IE0	IT0
高4位控制T1和T0的启动/停止、溢出				低4位控制外部中断,与定时/计数器无关			

从表 13-1 中看到,寄存器 TMOD 的高 4 位用于设置定时/计数器 T1 的工作方式,低 4 位用于设置 T0 的工作方式,并且高、低 4 位的名称和含义都类似,这里只介绍高 4 位的含义。

(1) GATE:门控位。当 GATE=0 时,只要使用软件编程来设置 TCON 寄存器的 TR0 或 TR1 为 1,就可以启动定时/计数器的工作;当 GATE=1 时,既要用软件使 TR0 或 TR1 为 1,同时又要使 TR0 或 TR1 与外部中断管脚 $\overline{INT0}$ 或 $\overline{INT1}$ 相或的结果为高电平时,才能启动定时/计数器工作,即此时定时器的启动多了一个外部中断管脚的控制条件。

(2) C/$\overline{T}$:定时/计数器模式的选择位。当 C/$\overline{T}$=0 时,为定时模式;当 C/$\overline{T}$=1 时,为计数模式。这里需要注意,字母 C 和 T 分别是英文单词 Counter 和 Timer 的第 1 个字母。

(3) M1-M0:定时/计数器的工作方式设置位。M1-M0 这两位进行排列组合,可以设置定时/计数器的 4 种工作方式,具体如表 13-3 所示。

表 13-3 定时/计数器的 4 种工作方式

M1 M0	工作方式	工作方式的具体含义
0 0	方式 0	13 位定时/计数器
0 1	方式 1	16 位定时/计数器
1 0	方式 2	8 位自动重装载定时/计数器
1 1	方式 3	T0 被分成两个独立的 8 位定时/计数器;T1 在此方式下停止工作

从表 13-2 中可以看到,寄存器 TCON 只有高 4 位用于对定时/计数器进行控制,而它的低 4 位用于控制外部中断,与定时/计数器无关,因此这里只介绍 TCON 寄存器的高 4 位含义。在高 4 位中,D7 和 D6 位用于控制定时/计数器 T1,而 D5 和 D4 位用于控制定时/计数器 T0,并且它们的名称和含义都类似,这里简要进行介绍。

(1) TF1:T1 溢出中断请求标志位。当定时/计数器 T1 溢出时,此位被硬件自动置为 1。在 CPU 响应此中断以后,TF1 位由硬件自动清 0。这里注意,T1 工作时 CPU 可随时查询 TF1,因此 TF1 可用作软件查询测试的标志位,可以软件编程置为 1 或清 0,效果同硬件。

(2) TR1:定时/计数器 T1 的启动/停止控制位。当 TR1=1 时,T1 开始工作;当 TR1=0 时,T1 停止工作。此位由软件编程置 1 或清 0,来控制定时/计数器 T1 的启动与停止。

(3) TF0 和 TR0:分别用于控制定时/计数器 T0 的溢出中断请求,以及启动/停止定时/计数器 T0 的运行,这两位的具体设置类同 TF1 和 TR1,这里就不再重述了。

3. 定时/计数器的工作方式

通过表 13-3 可以看到,MCS-51 系列单片机的定时/计数器一共有 4 种工作方式,下面以定时/计数器 T0 为例,来具体介绍这 4 种工作方式。

(1) 方式 0:13 位定时/计数器方式,其内部结构如图 13.2 所示。从图中可以看到,此时的 13 位计数寄存器,由 TH0 的 8 位和 TL0 的低 5 位(高 3 位未用)组成。当 TL0 的低 5 位溢出时,向 TH0 进位;当 TH0 再溢出时,则将 TCON 寄存器中的溢出标志 TF0 置为 1,这时定时/计数器向 CPU 发出中断请求。当 T0 作为定时器时,定时的时间 $T=TP\times N$,TP 为每个机器周期的时间,N 为所计的机器周期脉冲的个数,此时定时器的初值 $X=2^{13}-N$;当 T0 作为计数器时,计数器的初值 $Y=2^{13}-M$,M 为单片机的 T0 管脚输入的外部计数脉冲。

在这里需要注意,图 13.2 中的门控位 GATE 具有特殊的作用:当 GATE=0 时,经反门后变为 1,使或门输出为 1,此时仅由 TR0 来控制与门的开启,在与门输出 1 时,控制开关接通,定时或计数动作开始;当 GATE=1 时,经反门后变为 0,此时或门的开启由外中断 $\overline{\text{INT0}}$ 管脚来控制,因此这时图中与门的开启由外部中断 0 管脚和 TR0 来共同控制:当 TR0=1 时,如果外部中断管脚 $\overline{\text{INT0}}$ 为高电平则启动定时/计数器 T0,如果外部中断管脚 $\overline{\text{INT0}}$ 为低电平则停止定时/计数器 T0 的工作。因此当 GATE=1 且 TR0=1 时,定时/计数器 T0 常用来测量外部中断 $\overline{\text{INT0}}$ 管脚上正脉冲的宽度。

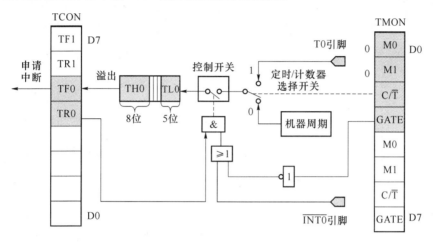

图 13.2　定时/计数器 T0 在方式 0 时的内部结构图

(2) 方式 1:16 位定时/计数器方式,其内部结构如图 13.3 所示。从图中可以看到,此时的 16 位计数寄存器,由 TH0 作为高 8 位、TL0 作为低 8 位来组成。当 TL0 的低 8 位溢出时,向 TH0 进位;当 TH0 再溢出时,则将 TCON 寄存器中的溢出标志 TF0 置为 1,这时定时/计数器向 CPU 发出中断请求。当 T0 作为定时器时,定时的时间 $T=TP \times N$,TP 为每个机器周期的时间,N 为所计的机器周期脉冲的个数,此时定时器的初值 $X=2^{16}-N$;当 T0 作为计数器时,计数器的初值 $Y=2^{16}-M$,M 为单片机的 T0 管脚输入的外部计数脉冲。

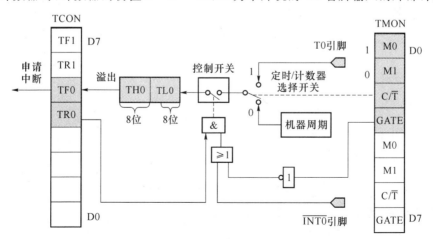

图 13.3　定时/计数器 T0 在方式 1 时的内部结构图

(3) 方式 2:8 位自动重装载定时/计数器方式,其内部结构如图 13.4 所示。此方式的特点是使用 8 位的 TL0 来作为计数寄存器,当 TL0 溢出后被 TF0 置位,且 TL0 的初值会被 TH0 自动装入。此时,定时时间 $T=TP\times N$,定时器初值 $X=2^8-N$,计数器的初值 $Y=2^8-M$,各变量的含义同前面两种方式,这里不再重复。

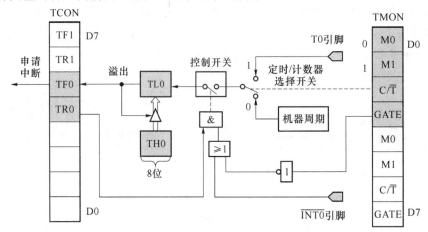

图 13.4　定时/计数器 T0 在方式 2 时的内部结构图

(4) 方式 3:T0 的双 8 位定时器方式,其内部结构如图 13.5 所示。此方式的特点是 T0 变成了两个独立的 8 位定时器,T1 停止工作。此时,TH0 只有定时功能且要使用 TF1 和 TR1 来进行控制,而 TL0 同前 3 种方式相同,既能定时也能计数。这种工作方式的定时器与计数器初值的算法,同前面 3 种方式,这里不再重述。

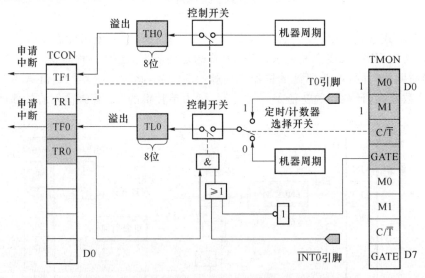

图 13.5　定时/计数器 T0 在方式 3 时的内部结构图

【实验设备和器件】

(1) PC 一台,操作系统为 Windows XP,内存 256 MB 以上,硬盘 10 GB 以上。

(2) Keil μVision2 集成开发环境的安装软件,并将该软件安装到 PC 上正常工作。

(3) 单片机应用系统开发板一个,开发板上配有进行单片机实验所必需的各种硬件资源,同时需要与 PC 相连的串口线和 USB 连接线各一条。

【实验内容】

1. 定时器 0 控制小灯交替亮灭

如图 13.6 所示,设计一个单片机定时应用系统,使用单片机的 P0.7 管脚控制发光二极管小灯 D1,使其每隔 1 s 闪烁 1 次。已知定时器 T0 使用方式 1,系统的晶振频率是 11.059 2 MHz,请使用 C51 进行程序设计。具体要求如下:

(1) 使用定时器中断方式设计 C51 程序,实现单片机对小灯的定时控制,需要进行软件仿真以及硬件的运行调试;如果小灯每隔 2 分钟亮一次,程序又如何设计呢?

(2) 在软件仿真的过程中,结合 Keil μVision2 集成开发环境的变量监测窗口、并行 I/O 口、中断系统以及定时器的观察窗口,使用单步调试的方式来仿真执行程序。

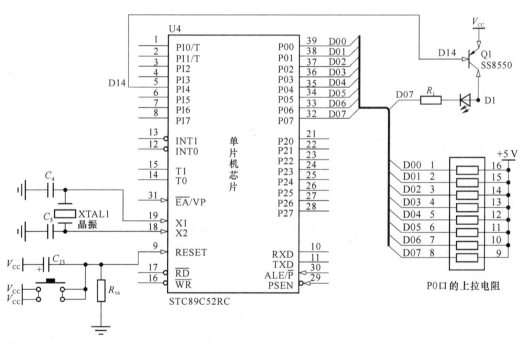

图 13.6 定时器 0 控制小灯每隔 1 秒闪烁的电路图

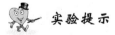 **实验提示**

从图 13.6 中以及题目要求可知,每次定时结束后,定时器 T0 都会产生 1 个定时器溢出中断请求信号。那么如何实现每隔 1 s,自动改变小灯的亮灭状态呢?1 s 的定时如何产生?这里可以通过程序,让 T0 每次定时 20 ms,如果 T0 产生 50 次这样的定时器溢出中断,那么累计时间就是 20 ms×50=1 s。因此只要使 T0 每次定时 20 ms,然后循环 50 次即可实现每隔 1 秒的时间,小灯闪烁 1 次。那么如何使 T0 每次定时 20 ms 呢?

这里需要计算定时器的定时初始值。当 T0 工作在方式 1 时,定时器的初值 $X=2^{16}-$

N,N 为定时过程中所计的机器周期脉冲的个数,可以使用 $N=T/TP$ 来算出,其中 T 为每次定时的时间 20 ms,而 TP 为系统的每个机器周期的时间,$TP=12/f_{osc}$,f_{osc} 是系统频率 11.059 2 MHz,所以通过上面的公式,可以算出定时器的初值为 $X=0xb8$。因此,编程时要设定此数值作为定时器 T0 的初始值。为了便于初学者学习,给出参考代码如下:

```c
//-------------------------------T131.c 程序---------------------
//文件名称:T131.c
//程序功能:定时器 0 控制小灯,每隔 1 s 定时亮灭一次。
//编制时间:2010 年 2 月
//--------------------------------------------------------------
#include <at89x52.h>           //包含头文件
sbit DUAN = P2^6;              //定义数码管的段控锁存器的管脚,具体见实验八
sbit SJG = P1^4;               //定义控制 8 个 LED 发光二极管正极端的三极管管脚
sbit led1 = P0^7;              //定义发光二极管小灯的负极控制管脚
unsigned char i = 0;           //定义全局变量

void main( )
{
    DUAN = 1;                  //关闭数码管,防止干扰,具体见实验八
    P0 = 0x00;
    DUAN = 0;

    P0 = 0xff;                 //关闭 8 个 LED 发光二极管小灯
    SJG = 0;                   //给 8 个 LED 的正极端加 +5 V 电压
    led1 = 0;                  //点亮 P0.7 管脚所连接的小灯

    TMOD = 0x01;               //设置定时器 T0 工作在方式 1,即 16 位的定时器
    TH0 = 0xb8;                //设置定时器 T0 的定时初值 0xb8,每次定时
                               //20 ms,系统频率 11.059 2 MHz
    TL0 = 0x00;
    EA = 1;                    //开启总中断允许位
    ET0 = 1;                   //开启 T0 定时器的溢出中断允许位
    TR0 = 1;                   //启动 T0 定时器开始定时
    while(1);                  //循环等待每次 20 ms 的定时中断发生
}
```

```
void timer0( ) interrupt 1        //定时器 T0 的中断函数
{
    TH0 = 0xb8;                   //重装 T0 产生 20 ms 定时的初值
    TL0 = 0x00;
    i++;                          //每次进入中断函数，i 值加 1，代表定时了 20 ms
    if(i==50)                     //当进入中断函数 50 次，则代表定时了 1 s
    {
        i = 0;                    //i 值清零
        led1 = ! led1;            //led1 管脚的值取反，从而实现小灯状态取反
    }
}
//----------------------- T131.c 程序结束 -----------------------
```

在这里要注意，当进行 C51 程序的软件仿真时，不仅需要观察变量数值、并行 I/O 接口、中断系统的状态，还要监测定时器的变化情况。那么如何使用 Keil μVision2 集成开发环境，进行定时器的仿真执行呢？下面将简要介绍。

当程序处于 0 错误 0 警告时，单击"调试"菜单下的"开始/停止调试"选项，使程序进入到调试状态。然后，单击"外围设备"菜单中的"timer"选项下的 timer0，打开定时器 T0 的观察窗口，如图 13.7 所示。从图中可以看出，此时定时器 T0 的默认工作于方式 0。这时，连续按 F11 或 F10 键，使程序停在语句"while(1);"处，这时再观察定时器系统，如图 13.8 所示，定时器的工作方式已经变成方式 1，初值也被设为 TH0=0xb8，TL0=0x00，并且 TR0 已经有效即定时器 T0 开始运行了。接下来继续按 F11 键，程序会一直停止在语句"while(1);"处，等待计数值的溢出，从而进入定时器 T0 的中断函数。如果这时只是按 F11 键，需要按成百上千次，比较麻烦。有个小技巧，可以更简便地进入到定时器 T0 的中断函数中，即可以手工修改图 13.8 中 TH0 的值为 0xFF，这时再连续按 F11 键，使 TL0 也为 0xFF，此时再次按 F11 键就进入到了定时器 T0 的中断函数去仿真执行，如图 13.9 所示。

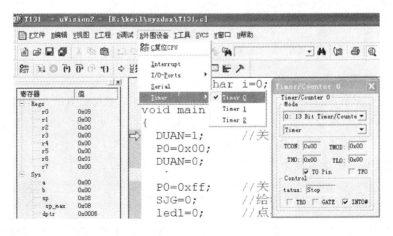

图 13.7　打开定时器 0 的观察窗口界面

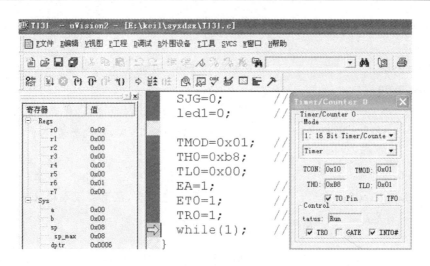

图 13.8　设置定时器工作方式、初值以及启动定时器的界面

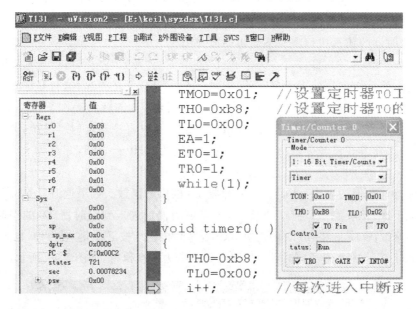

图 13.9　进入到定时器 T0 中断函数的界面

2. 电子计时器的设计

如图 13.10 所示，设计一个单片机的电子计时器应用系统，使用单片机的定时器 T1 控制图中 X3～X8 这 6 个数码管，使这 6 个数码管从左向右依次显示小时、分钟、秒。已知该系统中定时器 T1 使用方式 1，系统的晶振频率是 11.059 2 MHz，系统初始显示的时间是 11 点 22 分 33 秒，当系统上电后电子计时器开始自动计时，请设计 C51 程序。具体要求如下：

（1）使用定时器中断方式设计 C51 程序，实现单片机对电子计时器的控制，以及硬件的运行调试；

（2）将电子表的初始值，在程序中设置为 23 点 58 分 01 秒，然后再次调试程序，看是否产生分钟、小时的进位，以及能否复原到 0 点。

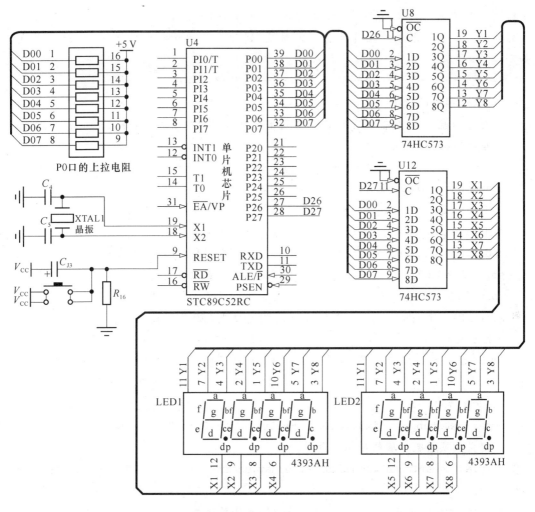

图 13.10 单片机控制的电子计时器电路

实验提示

从图 13.10 中以及题目要求可知,每次定时结束后,定时器 T1 都会产生 1 个定时器溢出中断请求信号。那么如何实现每隔 1 s,数码管的秒位时间自动加 1 呢?1 s 的定时如何产生?这里可以通过程序,让 T1 每次定时 50 ms,如果 T1 产生 20 次这样的定时器溢出中断,那么累计时间就是 50 ms×20=1 s。因此只要使 T1 每次定时 50 ms,然后循环 20 次即可实现每隔 1 s 的时间,电子计时器秒位的显示改变。那么如何使 T1 每次定时 50 ms 呢?

这里需要计算定时器的定时初值。当 T1 工作在方式 1 时,定时器的初值 $X=2^{16}-N$,N 为定时过程中所计的机器周期脉冲的个数,可以使用 $N=T/TP$ 来算出,其中 T 为每次定时的时间 50 ms,而 TP 为系统的每个机器周期的时间,$TP=12/f_{osc}$,f_{osc} 是系统频率 11.059 2 MHz,所以通过上面的公式,可以算出定时器的初值为 X=0x4c00。因此,编程时要设定此数值作为定时器 T1 的初始值。另外,还要注意满 59 s 要向分位进 1,满 59 分要向小时位进1,当时间为23点59分59秒时,如果再增加1s,则需要使电子计时器重新从0点开始计时。由于此程序的设计具有一定难度,因此为了便于初学者学习,给出参考代码如下:

```c
//------------------------------ T132.c 程序 --------------------
//文件名称:T132.c
//程序功能:单片机控制定时器1,实现电子计时器即电子表的功能。
//编制时间:2010年2月
//--------------------------------------------------------------
#include <at89x52.h>              //包含头文件
#define uchar unsigned char       //定义无符号字符型为uchar
#define uint unsigned int         //定义无符号整型为uint
#define ulong unsigned long       //定义无符号长整型为ulong
sbit WEI = P2^7;                  //定义数码管的位控端
sbit DUAN = P2^6;                 //定义数码管的段控端
sbit SJG = P1^4;                  //定义发光LED的正极控制端
uchar num1;                       //定时器T1中断函数内部的计数变量
ulong disp = 112233;              //设置电子表的起始时间,11点22分33秒
                                  //注意前面尽量不要加0,否则认为是8进制数
ulong temp0,temp1,temp2,temp3;    //定义临时变量保存待显示数码
uchar code tab[] = {0x3f,0x06,0x5b,0x4f,0x66,0x6d,0x7d,0x07,0x7f,0x6f};
//定义共阴极数码管的显示字段码
display(uchar,uchar,uchar,uchar,uchar,uchar);        //声明显示时间的函数

void delay(uint x)                //1 ms的延时程序
{
    uint a,b;
    for(a = x;a>0;a--)
        for(b = 115;b>0;b--);
}

void timer1() interrupt 3         //T1每次定时50 ms,方式1,11.059 2 MHz
{
    TH1 = 0x4c;                   //重置定时器T1的初值
    TL1 = 0x00;
    num1++;
}
void main()
```

```c
{
    EA = 1;                //总中断允许
    ET1 = 1;               //T1 溢出中断允许
    TMOD = 0x11;           //T1 和 T0 定义为定时器的方式 1,由 TR 位控制启动
    TH1 = 0x4c;            //T1 每次 50 ms 定时的初值
    TL1 = 0x00;
    TR1 = 1;               //启动定时器 T1
    while(1)
    {
        if(num1 == 20)     //控制数码管的定时器 T1,如果定时 1 s
        {
            SJG = 1;       //关闭所有 LED 小灯
            WEI = 0;       //锁存 P0 口的值
            num1 = 0;      //清 0 定时器 T1 的内部计数器 num1,准备下次 1 s 的定时
            disp++;        //每定时 1 s,数码管显示时间加 1 s

            temp0 = disp;  //备份 disp,调整秒位为 60 但分位不为 59 的情况
            temp1 = disp;
            if(((temp0 % 100 000 % 10 000 % 1 000 % 100) == 60)&&((temp1 % 100 000 %
            10 000)! = 5 960))
                {disp = disp - 60 + 100;}

            temp2 = disp;  //备份 disp,调整分位和秒位同时为 5 960 但小时不
                           //为 23 的情况
            temp3 = disp;
            if(((temp2 % 100 000 % 10 000) == 5 960)&&(temp3! = 235 960))
                {disp = disp - 5 960 + 10 000;}

            if(disp == 235 960)           //如果数码管显示时间 235 960
            { disp = 000000; }            //则从 0 点重新开始计时
        }
        //每秒定时时间到,调用下面的数码管显示子程序
        display(disp/100000, disp % 100000/10000, disp % 10000/1000,
                disp % 1000/100, disp % 100/10, disp % 10 );
    }
}
```

```c
display(uchar h2,uchar h1,uchar m2,uchar m1,uchar s2,uchar s1)
{   //h2 h1 为小时的十位和个位,m2-m2 为分钟的十位和个位,s2-s1 为秒的十位和个位
    SJG = 1;              //关闭 LED 灯
    P0 = 0xff;            //关闭数码管位选
    WEI = 1;
    WEI = 0;              //将 P0 的 0xff 锁存到数码管,使其全灭
    P0 = tab[h2];         //查表找到从右向左数的第 6 个数码管的段显示码
    DUAN = 1;
    DUAN = 0;             //锁存要显示的段码
    P0 = 0xfb;            //显示从右向左数的第 6 个数码管即在 X3 数码管上显示
    WEI = 1;
    WEI = 0;              //锁存位选位
    delay(1);             //延时 1 ms 即显示了 1 ms
                          //上面这段程序显示小时的十位
    P0 = 0xff;
    WEI = 1;
    WEI = 0;
    P0 = tab[h1];
    DUAN = 1;
    DUAN = 0;
    P0 = 0xf7;
    WEI = 1;
    WEI = 0;
    delay(1);
                          //上面这段程序显示小时的个位
    P0 = 0xff;
    WEI = 1;
    WEI = 0;
    P0 = tab[m2];
    DUAN = 1;
    DUAN = 0;
    P0 = 0xef;
    WEI = 1;
    WEI = 0;
    delay(1);
                          //上面这段程序显示分钟的十位
    P0 = 0xff;
```

```
        WEI = 1;
        WEI = 0;
        P0 = tab[m1];
        DUAN = 1;
        DUAN = 0;
        P0 = 0xdf;
        WEI = 1;
        WEI = 0;
        delay(1);
                            //上面这段程序显示分钟的个位
        P0 = 0xff;
        WEI = 1;
        WEI = 0;
        P0 = tab[s2];
        DUAN = 1;
        DUAN = 0;
        P0 = 0xbf;
        WEI = 1;
        WEI = 0;
        delay(1);
                            //上面这段程序显示秒的十位
        P0 = 0xff;
        WEI = 1;
        WEI = 0;
        P0 = tab[s1];
        DUAN = 1;
        DUAN = 0;
        P0 = 0x7f;
        WEI = 1;
        WEI = 0;
        delay(1);           //上面这段程序显示秒的个位
    }
//------------------------- T132.c 程序结束 --------------------
```

3. 选做题

(1) 如图 13.6 所示,设计一个使用定时器 T0 控制流水灯闪烁的应用系统,在图中再增加 7 盏小灯,依次使用单片机的 P0.6~P0.0 管脚进行控制。要求每隔 1 s 闪烁 1 盏流水灯,从而使 8 盏小灯依次不断地循环闪烁。已知定时器 T0 使用方式 1,系统的晶振频率是11.0592 MHz,请使用定时中断方式来设计C51程序,并进行实际硬件的运行与调试。

(2)如图13.10所示,设计一个电子倒计时器应用系统,使用单片机的定时器T1控制图中X3～X8这6个数码管,使这6个数码管从左向右依次显示小时、分钟、秒。已知该系统中定时器T1使用方式1,系统的晶振频率是11.0592 MHz,系统初始显示的时间是24时00分00秒,当系统上电后电子倒计时器开始自动倒计时,请使用定时中断方式来设计C51程序,并进行实际硬件的运行与调试。

【实验报告】

(1)总结单片机使用定时/计数器设计应用系统的软、硬件方法;

(2)写出所做实验程序的源代码,给每行语句加上详细的注释,并画出程序流程图;

(3)在Keil μVision2集成开发环境中,如何仿真观察定时/计数器的工作?

(4)叙述系统调试过程中遇到的问题和解决方法,写出本次实验的收获和心得体会。

实验 14　单片机与单片机通信实验

【实验目的】

（1）理解单片机串行通信的基本概念、工作方式以及通信原理；
（2）掌握单片机点对点串行通信应用系统的软、硬件设计方法；
（3）掌握单片机之间串行通信的调试方法。

【预习与思考】

（1）预习本实验原理以及配套理论教材中"MCS-51 单片机串行通信"的相关内容。
（2）什么是串行通信？与并行通信相比串行通信有什么优点？
（3）两个 MCS-51 单片机之间进行串行通信如何进行硬件连接？请画出电路图。
（4）MCS-51 单片机有几个串行接口？串行接口工作方式有几种？如何设置？
（5）什么是波特率？它的含义是什么？如何计算波特率？
（6）MCS-51 单片机串行通信时，接收到的数据存放在哪？如何判断已经接收到了数据？
（7）MCS-51 单片机串行通信时，发送端什么时候可以发数据，要发出的数据需要写到哪？
（8）MCS-51 单片机串行通信是否可以使用中断进行控制？

【实验原理】

1. 单片机串行通信基础

随着微型计算机系统的广泛应用以及计算机网络技术的不断发展，计算机通信功能越来越重要。计算机通信，通常是指计算机之间以及计算机与外部设备的信息交换。计算机通信分为并行通信和串行通信两种方式。其中，并行通信是把每个字节数据的各二进制位，用多条数据线同时进行传输；串行通信是把每个字节数据的各二进制位，在一条数据线上逐位进行传输。相比较而言，并行通信传输速度快、效率高、协议简单，但是传输距离短、对硬件要求较高；串行通信传输距离较远，而且可以使用已有的电话线路，因此硬件成本较低，但传输速度比并行通信慢、控制协议相对复杂。通常，在实际的工控环境、远距离传输以及现代测控系统中多采用串行通信的方式进行数据传输。单片机进行并行通信和串行通信的原理，如图 14.1 所示。

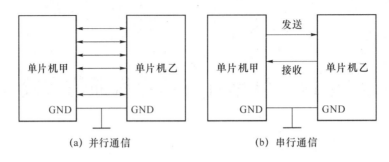

图 14.1 单片机并行通信和串行通信的示意图

串行通信,一般分成两种方式:异步串行通信和同步串行通信。其中,异步串行通信是指通信的发送方与接收方,使用各自的时钟控制数据的发送和接收过程,为使双方的收发协调,尽量使双方的时钟一致;同步串行通信是指通信的发送方与接收方,在时钟完全同步的前提下进行数据的收发。相对而言,同步串行通信更难实现,因此在实际的应用系统设计过程中主要使用异步串行通信,下面将简要介绍。

异步串行通信,是以字符帧的形式来进行数据传输的一种串行通信方式。这里的字符帧,是指多位二进制数组成的一个数据串。如图 14.2 所示,是异步串行通信的一个字符帧的组成结构图。从图中可以看出,这个字符帧是由起始位、数据位、校验位、停止位以及空闲位组成的,其中 LSB 是指数据位的最低位,而 MSB 是指数据位的最高位。另外,异步串行通信在发送每个字符的过程中,要格外附加 2~3 位用于字符帧的起始位或停止位,而且各字符帧之间还有空闲位,因此能够看出异步串行通信的传输效率并不高。

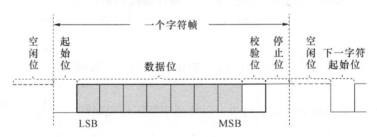

图 14.2 异步串行通信的一个字符帧

通常在计算机内部,数据是以字节为单位存放的,称为并行数据;而异步串行通信需要将数据逐位进行传输,即传输的是串行数据。在这个过程中,发送方要将并行数据转换为串行数据,而在接收方需要将串行数据转换为并行数据,并且这种转换要在一定的时序控制下来完成。在计算机中,这种转换通常是由通用异步接收/发送器完成的。

如图 14.3 所示,是通用异步接收/发送器的内部结构图。通用异步接收/发送器的英文是 Universal Asynchronous Receiver/Transmitter,缩写为 UART。UART 是异步串行通信接口的核心部件,通常在 PC、笔记本式计算机等微机系统中,UART 是一个独立的接口芯片,也可以集成到微处理器中。在 UART 的内部主要由数据输入缓冲器、数据输出缓冲器、串行输入并行输出转换移位寄存器、并行输入串行输出转换移位寄存器、控制寄存器、状态寄存器以及发送时钟和接收时钟等部件构成。

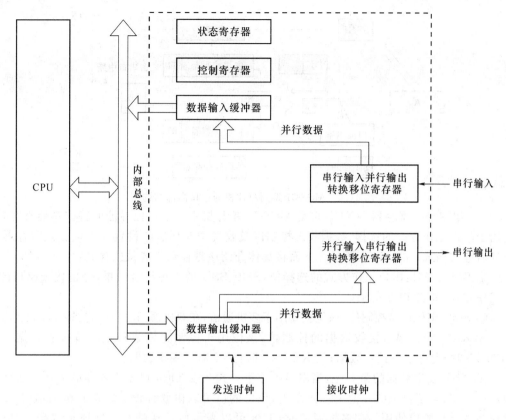

图 14.3　通用异步接收/发送器的内部结构图

2. 单片机的串口结构与通信控制

在 MCS-51 系列单片机的内部,集成了一个全双工异步串行通信接口 UART。该接口具有 4 种工作方式,收发数据的时钟由片内定时/计数器产生,字符帧的格式可以设定为 10 位(1 个起始位、8 位数据、1 个停止位)或 11 位(1 个起始位、8 位数据、1 个奇偶校验位、1 个停止位)两种格式,通信速率可由软件编程设置,能够实现单片机点对点串行通信,也可以实现点对多点的多机通信。

MCS-51 单片机的串口内部结构,如图 14.4 所示。从图中可以看到,在 MCS-51 单片机串行口内有两个物理上独立的接收、发送缓冲器(SBUF),它们占用同一地址 99H。当 CPU 利用串口发送数据时,将要发送的数据写入发送缓冲器(SBUF)中,在时钟信号的控制下由 TXD(P3.1)引脚逐位发出,发送完成后使串口发送中断标志位 TI 置为 1,代表一个字符帧发送结束;当 RXD(P3.0)引脚由高电平变为低电平时,起始位出现,表征有一个字符帧到来,输入移位寄存器在时钟的控制下,将信息逐位接收进来,存放到接收缓冲器(SBUF)中,然后将 RI 置为 1,代表一个字符帧接收完毕。此后,单片机的 CPU 通过读/写 SBUF 就可以获得或发送串口中的数据。

在懂得了 MCS-51 系列单片机的串口内部结构以后,单片机如何才能控制这个串口进行通信呢?这里主要是通过两个特殊功能寄存器来实现的,即串口控制寄存器(SCON)以及电源控制寄存器(PCON),下面将简介这两个寄存器。

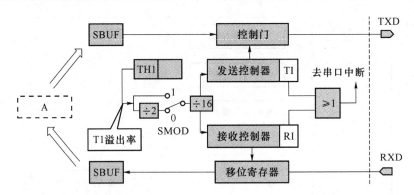

图 14.4　MCS-51 系列单片机的串口内部结构图

（1）串口控制寄存器 SCON：它是 MCS-51 单片机中一个可位寻址的特殊功能寄存器，它用于串口工作方式的选择、数据收发控制以及收发中断标志的设置和查询。该寄存器各位的名称与格式，如表 14-1 所示。下面将具体介绍该寄存器中各位的含义：

① SM0、SM1：串口工作方式的选择位，SM0、SM1 的 4 种组合结果，分别代表串口的 4 种工作方式，如表 14-2 所示。

② SM2：多机通信控制位，该位主要用于多机通信，在双机通信时一般将 SM2 设置为 0。

③ REN：允许串口接收数据的控制位，该位用于控制允许或禁止串口接收数据。当 REN＝1 时，允许串口接收数据；当 REN＝0 时，禁止串口接收数据。

④ TB8：发送数据的第 8 位，当串口工作于方式 2 或 3 时，TB8 的内容被送到发送字符帧的第 9 位，与字符帧的其他位一同发出，该位的值可以由软件设置。在双机通信时，TB8 常作为奇偶校验位使用。在多机通信时，TB8 可以表示所发送的是地址还是数据，一般约定：TB8＝0，为数据；TB8＝1，为地址。

⑤ RB8：接收数据的第 8 位，当串口工作于方式 2 或 3 时，RB8 用于存放接收到字符帧的第 9 位，用于表示接收到字符帧的数据特征。在双机通信时，它是奇偶校验位，在多机通信时，它是数据/地址标志位，与 TB8 对应。

⑥ TI：发送中断标志位，该位是串口数据发送完的状态标志位。当串口发送完一帧数据时，该标志被自动置 1，该位可用于以查询方式编程时作为查询标志使用，同时也是一个串行口中断标志。需要注意：响应中断后该位不能自动清 0，需在程序中用软件清 0。

⑦ RI：接收中断标志位，该位是串口数据接收完毕的状态标志位。当串口接收完一帧数据时，该标志被自动置 1，该位是串口中断标志位，也可以作为查询标志使用。同样，在响应中断后该位不能自动清 0，需在程序中使用软件清 0 复位。

表 14-1　SCON 各位的名称与格式

D7	D6	D5	D4	D3	D2	D1	D0
SM0	SM1	SM2	REN	TB8	RB8	TI	RI

表 14-2　串行口的 4 种工作方式

SM0	SM1	方式	功能说明
0	0	0	8 位移位寄存器，波特率固定
0	1	1	10 位异步收发，波特率可变

续表

SM0	SM1	方式	功能说明
1	0	2	11位异步收发,波特率固定
1	1	3	11位异步收发,波特率可变

（2）电源控制寄存器 PCON：该寄存器在串行通信的过程中，只用到了最高位 SMOD，其余各位用于电源管理。SMOD 位是串口波特率增倍控制位，当 SMOD＝1 时串口波特率增加一倍。PCON 的格式如表 14-3 所示。

表 14-3　PCON 的格式

D7	D6	D5	D4	D3	D2	D1	D0
SMOD				GFI	GF0	PD	IDL

3. 单片机串行通信的应用

在实际的通信应用系统中，单片机的异步通信方式主要有两种：一种是点对点的双机通信，另一种是一点对多点的多机通信，下面将分别进行介绍。

（1）点对点的双机通信：如图 14.5 所示，是单片机双机点对点通信的示意图。从图中可以看到，单片机点对点通信的硬件连接比较简单，通常 3 根连线即可：单片机甲的发送管脚 TXD 连接乙的接收管脚 RXD，单片机乙的发送管脚 TXD 连接甲的接收管脚 RXD，另外甲乙单片机的地线要相连，用于防止干扰。

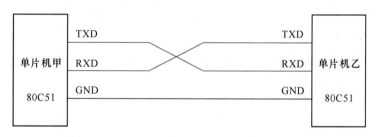

图 14.5　单片机点对点双机通信的示意图

通过前面的内容可以知道，MCS-51 单片机的串行通信共有 4 种工作方式，通常点对点通信常用方式 1 即波特率可变的 10 位异步串行通信方式，有关这 4 种工作方式的具体内容请参考相关理论教材，这里不一一详述。但是，对于使用方式 1 进行串行通信，需要注意波特率的计算方法。波特率用于衡量串行通信的传输速度，含义是每秒钟传输二进制数据的位数，单位是 bit/s。单片机串口的 4 种工作方式，对应了 3 种波特率，各自的计算方法如下：

① 方式 0 的波特率 $=f\text{osc}/12$；
② 方式 1 的波特率 $=(2^{\text{SMOD}}/32)\cdot(\text{T1 溢出率})$；
③ 方式 2 的波特率 $=(2^{\text{SMOD}}/64)\cdot f\text{osc}$；
④ 方式 3 的波特率 $=(2^{\text{SMOD}}/32)\cdot(\text{T1 溢出率})$。

从上面的 4 个公式中看到，$fosc$ 是指单片机应用系统的时钟频率，通常为 11.059 2 MHz 或者 12 MHz；SMOD 是电源控制寄存器的最高位，为 1 时波特率加倍；另外，方式 1 和方式 3 波特率的计算公式完全相同，其中，T1 的溢出率 $=fosc/[12×(256-TH1)]$，一般情况下定时器 T1 工作于方式 2，它的低 8 位计数器 TL1 和高 8 位计数器 TH1 装入同一个计数初值，改变该计数初值就可以在一定范围内改变波特率。表 14-4 是在 11.059 2 MHz 晶振下，常用的串口通信波特率与其他参数的对应关系表。

表 14-4　常用的串口通信波特率与各参数间的对应关系表

串口工作方式以及常用波特率(bit/s)		晶振频率/MHz	SMOD	定时器 1		
				$C/\overline{T}$	方式	计数初值
方式 1、方式 3	57.6K	11.059 2	1	0	2	FFH
	19 200	11.059 2	1	0	2	FDH
	9 600	11.059 2	0	0	2	FDH
	4 800	11.059 2	0	0	2	FAH
	2 400	11.059 2	0	0	2	F4H
	1 200	11.059 2	0	0	2	E8H

(2) 一点对多点的多机通信：如图 14.6 所示，在单片机构成的多机通信系统中，经常采用总线型主从式结构。所谓主从式，即在多个单片机中，有一个是主机，其余都是从机，从机要服从主机的调度、支配。MCS-51 单片机的串口工作方式 2 和方式 3，适合于这种主从式的多机通信结构。当然，在采用不同的通信标准时，还需进行相应的电平转换，有时还要对信号进行光电隔离。在实际的多机应用系统中，常采用 RS-485 这种半双工的串行通信总线进行相应的数据传输。由于多机通信对于初学者较为复杂，这里就不详细介绍了。

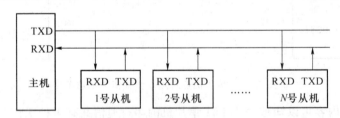

图 14.6　单片机多机通信的示意图

无论是上面的双机通信还是多机通信，串口工作之前都要对其进行初始化。初始化主要用于设置产生波特率的定时器 T1、串口的工作方式、控制位、中断标志，并且还经常需要设置一些和中断相关的寄存器。串口初始化的具体步骤如下：

① 确定 T1 的工作方式：对 TMOD 寄存器进行编程；
② 根据波特率公式，计算 T1 的初值，装载 TH1、TL1；
③ 启动 T1：对 TCON 中的 TR1 位进行编程；
④ 确定串口的各控制位：对 SCON 寄存器进行编程；
⑤ 串口在中断方式工作时，要进行中断设置：对 IE、IP 寄存器编程。

【实验设备和器件】

(1) PC 一台,操作系统为 Windows XP,内存 256 MB 以上,硬盘 10 GB 以上。
(2) Keil μVision2 集成开发环境的安装软件,并将该软件安装到 PC 上正常工作。
(3) 单片机应用系统开发板一个,开发板上配有进行单片机实验所必要的各种硬件资源,同时需要与 PC 相连的串口线和 USB 连接线各一条。

【实验内容】

1. 单片机点对点单向串行通信

如图 14.7 所示,设计一个单片机点对点单向串行通信的应用系统,电路图中已经给出时钟电路、复位电路以及 P0 口的上拉电阻,另外每个单片机控制 8 个数码管,图中省略,具体电路见实验 8。已知两个单片机系统都使用定时器 T1 的方式 2 产生 9 600 bit/s 的波特率,系统的晶振频率使用 11.059 2 MHz,使用串口的工作方式 1 进行通信,请使用 C51 语言进行程序设计。具体要求如下:

(1) 设计 C51 程序实现单片机点对点串行通信,其中单片机甲作为发送方,向接收方单片机乙循环发送 00H~FFH 这 256 个数据,当单片机乙接收到一个数据后,就在其控制的数码管上进行实时显示,要进行实际硬件的运行调试;

(2) 在 C51 程序的设计过程中,要求作为发送方的单片机甲,采用查询方式来判断数据是否发送完毕;作为接收方的单片机乙,采用中断方式来判断数据是否接收到。

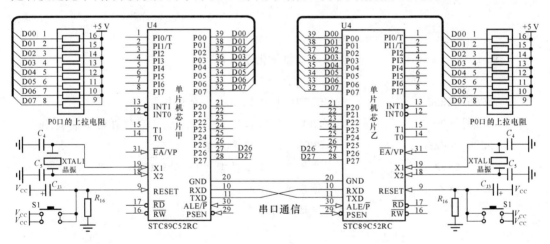

图 14.7 单片机点对点串行通信的电路图

实验提示

从图 14.7 中以及题目要求可知,两个单片机系统都使用定时器 T1 的方式 2 产生 9 600 bit/s 的波特率,系统的晶振频率使用 11.059 2 MHz,因此可以算出定时器 T1 的初始值是 0xFA。在程序设计过程中,单片机甲作为发送方采用查询方式监测每个数据是否发送完毕,实际上是检测 TI 何时为 1,只要 TI=1,就代表数据已经发送到单片机乙;单片机乙作为接收方采用中断方式监测是否接收到数据,实际上是检测 RI 何时为 1,只要 RI=1,就代表单片机乙接收到了单片机甲发送过来的数据,此时它就会自动调用接收中断函数,来处理接收到的数据。这里需要注意,无论是 TI 还是 RI 都不会自动清 0,因此在查询完或者产生中断请求以后,要用软件及时将它们清 0,否则会影响下一个数据的发送或接收。另外,最好先下载发送方程序,后下载接收方程序,否则会出现乱码。为了便于初学者学习,给出参考代码如下:

(1) 发送方程序

```c
//------------------------T141S.c 程序------------------------
//文件名称:T141S.c
//程序功能:单片机甲,点对点串行通信的发送程序。
//编制时间:2010 年 2 月
//----------------------------------------------------------
#include <at89x52.h>              //包含头文件
unsigned char ch, a;              //定义无符号字符变量 ch 和 a
void delay(unsigned int i)        //延时子程序 1 ms 左右
{
   unsigned int j;
   for(;i>0;i--)
     for(j=0;j<125;j++);
}

void init_scom( )                 //串口初始化子函数
{
    SCON = 0x50 ;                 //SCON:方式 1,8 位,允许接收
    TMOD| = 0x20 ;                //TMOD:定时器 1 工作于方式 2,8 位自动重装载
    PCON| = 0x80 ;                //SMOD=1,波特率加倍
    TH1 = 0xFA ;                  //波特率:9 600 晶振=11.059 2 MHz
    IE| = 0x90 ;                  //开启串口中断
    TR1 = 1 ;                     //启动定时器 1
}

void send_char( unsigned char ch)      //向串口发送一个字符
{
     SBUF = ch;                        //将待发送的字符送给 SBUF
     while (TI == 0);                  //等待发送结束,发送结束时 TI=1
     TI = 0 ;                          //将 TI 清 0,等待下次发送
}
```

```c
void main( )
{
    a = 0;                          //无符号字符变量 a = 0
    init_scom( );                   //初始化串口
    while(1)                        //无限循环
    {
        send_char(a);               //从 0 开始发送一个字符
        delay(1000);                //延时 1 s 左右的时间
        a ++ ;                      //a 加 1,a 的范围是 00H~FFH
    }
}
//------------------------T141S.c 程序结束------------------
```

(2) 接收方程序

```c
//------------------------T141R.c 程序--------------------
//文件名称:T141R.c
//程序功能:单片机乙,点对点串行通信的接收程序。
//编制时间:2010 年 2 月
//----------------------------------------------------------
#include <at89x52.h>                //包含头文件
#define uchar unsigned char         //定义 uchar 代表无符号字符型
sbit WEI = P2^7;                    //定义数码管的位选端,具体见实验 8
sbit DUAN = P2^6;                   //定义数码管的段选段
bit read_flag = 0 ;                 //定义位变量 read_flag,标记接收的数据
                                    //已被单片机读走
uchar ch;                           //定义无符号变量 ch
uchar show[2] = {0,0};              //定义用于数码管显示的数组
uchar temp[4] = {0x00,0x00,0x00,0x00};   //定义临时保存接收数据的数组
uchar code tab[ ] = {0x3f,0x06,0x5b,0x4f,0x66,0x6d,0x7d,0x07,0x7f,0x6f,
                     0x77,0x7c,0x39,0x5e,0x79,0x71};  //定义 0~F 的共阴显示码
void init_scom( )                   //串口初始化子函数
{
    SCON = 0x50 ;                   //注释同发送程序
    TMOD| = 0x20 ;
    PCON| = 0x80 ;
    TH1 = 0xFA ;
    IE| = 0x90 ;
```

```c
        TR1 = 1;
}

void delay(uchar i)              //延时 1 ms 左右的子函数
{ uchar j,k;
    for(j = i;j>0;j--)
        for(k = 125;k>0;k--);
}

void display()                   //数码管显示子函数
{
    DUAN = 0;
    P0 = tab[show[0]];           //给最左侧数码管 X1 送段码
    DUAN = 1;
    DUAN = 0;
    WEI = 0;                     //给最左侧数码管 X1 送位选码
    P0 = 0xfe;
    WEI = 1;
    WEI = 0;
    delay(5);                    //延时 5 ms
    P0 = tab[show[1]];           //给数码管 X2 送段码
    DUAN = 1;
    DUAN = 0;
    P0 = 0xfd;                   //给数码管 X2 送位选码
    WEI = 1;
    WEI = 0;
    delay(5);                    //延时 5 ms
}
void serial( )interrupt 4 using 3    //串口接收中断函数
{
    if(RI)                       //若接收到发送方的数据,RI = 1
    {
        RI = 0 ;                 //将 RI 清 0
        ch = SBUF;               //将接收的字符从 SBUF 中取出
        read_flag = 1 ;          //置位读数标志变量
    }
}
```

```
void main( )
{
    uchar b;                        //定义无符号变量b
    init_scom( );                   //初始化串口
    while(1)                        //无限循环
    {
        if(read_flag)               //如果读数标志为1
        {
            read_flag = 0 ;         //先将读数标志清0
            temp[2] = ch;           //把读到的数据备份到temp[2]中
        }
        show[1] = temp[2] & 0x0f;   //读取接收到数据的低四位
        show[0] = temp[2] >> 4;     //将接收到的数据右移4位
        for(b = 10;b>0;b--)
        { display( ); }             //在数码管上显示接收的数据
    }
}
//---------------------- T141R.c 程序结束 --------------------
```

2. 单片机点对点双向串行通信

如图14.7所示,设计一个单片机点对点双向串行通信的应用系统,电路图中已经给出时钟电路、复位电路以及P0口的上拉电阻,另外每个单片机控制8个数码管,图中省略,具体电路见实验8。已知两个单片机系统都使用定时器T1的方式2产生9 600 bit/s的波特率,系统的晶振频率使用11.059 2 MHz,使用串口的工作方式1进行通信,请使用C51语言进行程序设计。具体要求如下:

(1) 设计C51程序实现单片机点对点串行通信,其中单片机甲先向单片机乙发送00H~FFH这256个数据,当单片机乙接收完这些数据以后,单片机乙再向单片机甲发送FFH~00H这256个数据,当单片机甲接收完这些数据以后,再向乙发送00H~FFH这256个数据……,这个过程周而复始地循环进行下去,要求接收方在其控制的数码管上实时显示接收到的数据,需要进行实际硬件的运行调试;

(2) 在C51程序的设计过程中,要求单片机甲和单片机乙均采用查询方式,来判断是否发送完当前数据或者接收到新数据。

实验提示

从题目的已知条件可知,此题和实验内容1在硬件电路以及串口工作方式上完全相同,因此产生串行通信波特率的定时器T1的初始值都是0xFA。此题在程序设计过程中,与实验内容1的不同之处在于,无论单片机甲还是单片机乙都要同时包含发送和接收两部分子程序,同时要较好地协调发送与接收的关系,否则会产生数据混乱的现象。由于此程序的设计具有一定难度,因此为了便于初学者学习,给出参考代码如下:

(1) 单片机甲的程序

```c
//------------------------- T142S.c 程序 --------------------
//文件名称:T142S.c
//程序功能:单片机甲,点对点串行通信的先发送后接收程序。
//编制时间:2010 年 2 月
//-------------------------------------------------------------
#include <at89x52.h>                //包含头文件
#define uchar unsigned char         //定义 uchar 代表无符号字符型
sbit WEI = P2^7;                    //定义数码管的位选端,具体见实验 8
sbit DUAN = P2^6;                   //定义数码管的段选段
sbit DATA_164 = P2^5;               //定义点阵的 164 数据输入端
sbit CLK_164 = P2^4;                //定义控制点阵的时钟,具体见实验 9
uchar chs,a,b,chr = 0x01;           //定义变量,给 chr 赋初值,防止程序顺序出错
uchar show[2] = {0,0};              //定义用于两位数码管显示的数组
uchar temp[4] = {0x00,0x00,0x00,0x00};    //定义临时保存接收数据的数组
uchar code tab[ ] = {0x3f,0x06,0x5b,0x4f,0x66,0x6d,0x7d,0x07,0x7f,0x6f,
                     0x77,0x7c,0x39,0x5e,0x79,0x71};   //定义 0~F 的共阴显示码

void delay(unsigned int i)    //延时子程序 1 ms 左右
{
   unsigned int j;
   for(;i>0;i--)
     for(j=0;j<125;j++);
}

void init_scom( )             //串口初始化子函数
{
    SCON = 0x50 ;             //SCON:方式 1,8 位,允许接收
    TMOD| = 0x20 ;            //TMOD:定时器 1 工作于方式 2,8 位自动重装载
    PCON| = 0x80 ;            //SMOD = 1,波特率加倍
    TH1 = 0xFA;               //波特率:9 600 晶振 = 11.059 2 MHz
    IE| = 0x90 ;              //开启串口中断
    TR1 = 1 ;                 //启动定时器 1
    CLK_164 = 0;              //防止点阵干扰
    DATA_164 = 0;
```

```c
        CLK_164 = 1;
}

void send_char(uchar chs)        //向串口发送一个字符
{
    SBUF = chs;                  //将待发送的字符送给 SBUF
    while (TI == 0);             //等待发送结束,发送结束时 TI = 1
    TI = 0 ;                     //将 TI 清 0,等待下次发送
}

void recv_char( )                //从串口接收一个字符
{
    if(RI)                       //若接收到发送方的数据,RI = 1
    {
        RI = 0 ;                 //将 RI 清 0
        chr = SBUF;              //将接收的字符从 SBUF 中取出放入变量 chr
    }
}

void display()                   //数码管显示子函数
{
    DUAN = 0;
    P0 = tab[show[0]];           //给数码管 X7 送段码,从左向右数第 7 个数码管
    DUAN = 1;
    DUAN = 0;

    WEI = 0;                     //给数码管 X7 送位选码
    P0 = 0xbf;
    WEI = 1;
    WEI = 0;
    delay(5);                    //延时 5 ms

    P0 = tab[show[1]];           //给数码管 X8 送段码
    DUAN = 1;
    DUAN = 0;

    P0 = 0x7f;                   //给数码管 X8 送位选码
```

```
        WEI = 1;
        WEI = 0;
        delay(5);                              //延时 5 ms
}

void main( )
{
    a = 0;                                     //无符号字符变量 a = 0
    init_scom( );                              //初始化串口
    while(1)
    {
        while(1)                               //无限循环发送 00~FF
        {
            send_char(a);                      //从 0 开始发送一个字符
            delay(800);                        //延时 1 s 左右的时间
            if(a == 0xFF) { a = 0; break; }    //若发完 FFH,则跳出循环等待接收
            a ++ ;                             //a 加 1,a 的范围是 00H~FFH
        }
        delay(600);                            //接收数据前延时 0.6 s 左右,使 RI = 1
        while(1)                               //无限循环接收 FF~00
        {
            recv_char( );                      //调用接收数据的函数
            temp[2] = chr;                     //将接收的数据保存在数组 temp[2]中
            show[1] = temp[2] & 0x0F;          //读取接收到数据的低四位
            show[0] = temp[2] >> 4;             //将接收到的数据右移 4 位,读高四位
            for(b = 10;b>0;b-- )
            { display( ); }                    //在数码管上显示接收的数据
            if(temp[2] == 0x00) { P0 = 0x00;DUAN = 1;DUAN = 0;break; }
            //如果接收的数据到了 00,则跳出循环体,并熄灭数码管
        }
    }
}
//-------------------------- T142S.c 程序结束 --------------------------
```

(2) 单片机乙的程序
```
//-------------------------- T142R.c 程序 --------------------------
//文件名称:T142R.c
//程序功能:单片机乙,点对点串行通信的先接收后发送程序。
```

```
//编制时间:2010 年 2 月
//--------------------------------------------------------
//请注意:此程序 main( )函数前面的部分,与 T142S.c 完全相同,这里省略,只给主函数

void main( )
{
  a = 0xFF;                        //无符号字符变量 a = 0
  init_scom( );                    //初始化串口
  while(1)
  {
    delay(600);                    //接收数据前延时 0.6 s 左右,使 RI = 1
    while(1)                       //无限循环接收数据 00~FF
    {
      recv_char( );                //调用接收数据的函数
      temp[2] = chr;               //将接收的数据保存在数组 temp[2]中
      show[1] = temp[2] & 0x0F;    //读取接收到数据的低四位
      show[0] = temp[2] >> 4;      //将接收到的数据右移 4 位,读高四位
      for(b = 10;b>0;b--)
      { display( ); }              //在数码管上显示接收的数据
      if(temp[2] == 0xFF) { P0 = 0x00;DUAN = 1;DUAN = 0; break; }
      //如果接收的数据到了 FF,则跳出循环体,并熄灭数码管
    }

    while(1)                       //无限循环发送 FF~00
    {
      send_char(a);                //从 FF 开始发送一个字符
      delay(800);                  //延时 1 s 左右的时间
      if(a == 0x00) { a = 0xFF; break; }   //若发完 00H,则跳出循环等待接收
      a--;                         //a 减 1,a 的范围是 00H~FFH
    }
  }
}
//----------------------- T142R.c 程序结束 --------------------
```

3. 选做题

(1) 如图 14.7 所示,"题目的描述部分和要求(1)",与此次实验内容 2 相同,"要求"(2)变成发送数据采用查询方式处理,接收数据采用中断方式处理,请设计 C51 程序,并进行实际硬件的运行与调试。

(2) 请两名同学合作,设计一个多机通信应用系统的硬件电路和软件程序。已知现有 3 个单片机,编号分别为 No.1、No.2、No.3。其中,No.1 作为主机,No.2 和 No.3 作为从机,多机通信的网络拓扑结构采用总线型结构。要求主机同时向两台从机发送 00H～FFH 这 256 个数据,当两台从机收到所有数据以后,分别向主机发送 0xaa 或 0xbb,表示已经接收到所有数据,接着主机再向两台从机发送 FFH～00H,从机再分别发送 0xaa 或 0xbb 应答……,这个过程周而复始地循环进行下去,要求接收方在其控制的数码管上实时显示接收到的数据,请设计硬件电路和 C51 软件程序。

【实验报告】

(1) 总结单片机点对点串行通信应用系统的软、硬件设计方法;
(2) 画出 MCS-51 单片机点对点串行通信的硬件连接图;
(3) 写出所做实验程序的源代码,给每行语句加上详细的注释,并画出程序流程图;
(4) 叙述系统调试过程中遇到的问题和解决方法,写出本次实验的收获和心得体会。

实验 15　单片机与 PC 通信实验

【实验目的】

(1) 理解单片机与 PC 串行通信的基础知识以及 RS-232C 串行通信标准;
(2) 掌握单片机与 PC 串行通信应用系统的软、硬件设计方法;
(3) 掌握单片机与 PC 串行通信应用系统的调试方法。

【预习与思考】

(1) 预习本实验原理以及配套理论教材中"单片机与 PC 串行通信"的相关内容。
(2) 什么是 RS-232C 串行通信标准?它是否与单片机串口的串行通信标准一致?
(3) 当单片机与 PC 进行串行通信时,单片机能否直接与 PC 连接?应如何连接?
(4) 当单片机与 PC 进行串行通信时,单片机侧可以使用什么语言编程?PC 侧可以使用什么语言编程?

【实验原理】

1. RS-232C 串行通信标准

在以计算机为控制中心的数据采集与自动控制系统中,通常用单片机作为控制系统的下位机,由 PC 作为上位机,来构建分布式测控系统。在这种情况下需要实现单片机与 PC 之间的串行通信。通常,在 PC 的内部都配有通用异步串行通信接口(UART)芯片和标准的 RS-232 接口,这使得它能够与具有标准 RS-232 接口的计算机或设备进行串行通信,下面简要介绍一下 RS-232C 串行通信接口。

RS-232C 接口是美国电子工业协会于 1962 年制定的一种异步串行总线标准。该标准规定了异步串行接口的信息格式、电气特性和机械连接标准。RS-232C 接口的信息格式,如图 15.1 所示。

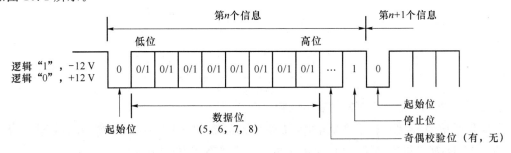

图 15.1　RS-232C 接口的信息格式

由图 15.1 可以看出,RS-232C 接口的信息格式与单片机所采用的异步串行通信的字符帧格式完全相同,只是它不是用 0 V 和+5 V 表示逻辑"0"和逻辑"1",而是用+12 V 表示逻辑"0",用-12 V 表示逻辑"1",这种表达称为负逻辑。RS-232C 具体的电气标准为

(1) 逻辑"0":+5~+15 V(+5~+15 V 之间的直流电压值都代表逻辑"0")。

(2) 逻辑"1":-5~-15 V(-5~-15 V 之间的直流电压值都代表逻辑"1")。

在这里需要注意:通常,单片机或 PC 的微处理器内部采用的都是 TTL 电平,而 RS-232C 接口设备采用自己的 RS-232C 电平标准,两者的高、低电平并不兼容,所以单片机要与 RS-232C 接口连接的 PC 进行串行通信时,必须进行电平转换,否则将使单片机烧坏。

RS-232C 接口标准,还规定了 RS-232C 接口连接器的机械标准,连接器的尺寸及每个插针的排列位置都有明确的定义。有两种连接器可以使用。一种是 25 针连接器,具有全部的信号线,采用标准 D 型 25 芯插头座,各管脚排列如图 15.2(a)所示;还有一种 9 针连接器,具有部分信号线,采用 9 芯插头座,各管脚排列如图 15.2(b)所示。在实际应用中经常使用 9 针连接器,9 针 RS-232C 接口连接器的针脚编号与功能如表 15-1 所示。

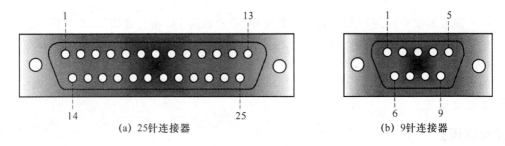

图 15.2 RS-232C 接口标准的连接器

表 15-1 9 针标准 RS-232C 接口连接器的针脚编号与功能

插针序号	信号名称	功　能	信号方向
2	RXD	接收数据端	输入
3	TXD	发送数据端	输出
5	SGND	信号地	
7	RTS	请求发送	输出
8	CTS	允许发送	输入
6	DSR	数据建立就绪	输入
1	DCD	载波检测	输入
4	DTR	输出数据终端准备就绪	输出
9	RI	振铃指示	输入

2. 单片机与 PC 串行通信的硬件连接

对最简单的全双工串行异步通信,仅使用发送数据线(TXD)、接收数据线(RXD)、信号地线(SGND)就可以实现了。PC 与单片机的硬件连接,如图 15.3 所示。

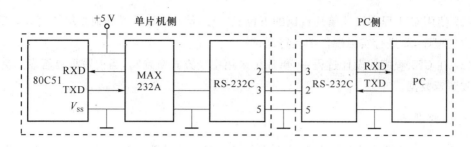

图 15.3　PC 与单片机进行串行通信的原理图

在图 15.3 中,有两个 RS-232C 接口链接器,其中一个在 PC 侧,已在 PC 内部与 PC 的 UART 芯片连接好;另一个在单片机侧,单片机内部集成了 UART,但由于它采用的是 TTL 电平,在与 RS-232C 接口连接时,要进行 TTL 电平与 RS-232C 电平的转换。最常用的电平转换芯片是美信公司生产的 MAX232 芯片,图 15.4 给出了单片机侧具有电平转换功能的串行通信接口电路。

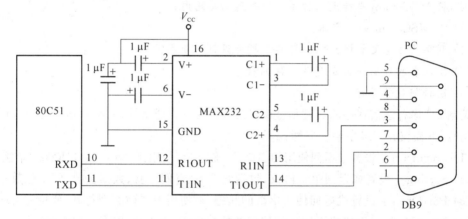

图 15.4　单片机侧具有电平转换功能的串行通信接口电路

【实验设备和器件】

(1) PC 一台,操作系统为 Windows XP,内存 256 MB 以上,硬盘 10 GB 以上。
(2) Keil μVision2 集成开发环境的安装软件,并将该软件安装到 PC 上正常工作。
(3) 单片机应用系统开发板一个,开发板上配有进行单片机实验所必要的各种硬件资源,同时需要与 PC 相连的串口线和 USB 连接线各一条。

【实验内容】

1. 单片机与 PC 点对点串行通信

如图 15.4 所示,设计一个单片机与 PC 点对点串行通信的应用系统。已知单片机的晶振频率为 11.059 2 MHz,通信协议为比特率 9 600 bit/s、无奇偶校验、8 位数据、1 个停止位,单片机的串口工作于方式 3 且 SMOD 位为零。编制程序实现,从 PC 输入一位数据,经串口发送给单片机,单片机收到数据后再经过串口发回给 PC,并在 PC 上最终显示出来。具体要求如下:

(1) 使用 C51 程序设计单片机侧的下位机程序;使用 VB 或者其他高级语言设计 PC 侧的上位机程序,要进行实际硬件的运行调试;

(2) 在 C51 程序的设计过程中,单片机采用中断方式来判断,当前数据是否发送完毕或者接收到新数据。

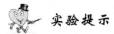
实验提示

单片机与 PC 通信的程序由两部分构成。一部分是单片机侧的通信程序,另一部分是 PC 侧的通信程序。单片机侧的通信程序设计方法类似上次的实验内容,下面主要介绍 PC 侧通信的程序设计。在 PC 的串行通信程序,可以使用汇编语言、C 语言、VB 等编程语言编制。由于 VB 提供了串行通信控件,具有编程简单、人机界面设计方便的优点,在简单的 PC 的串行通信程序常常被使用,VB 编制 PC 串行通信程序的具体步骤为

(1) 启动 VB,进入 VB 主界面,为 PC 的串行通信程序建立一个工程;

(2) 将 MSComm(串行通信控件)加载到工具箱内;

(3) 将 MSComm 加入窗体;

(4) 利用 VB 的文本框、按钮、标签等控件设计人机界面;

(5) 输入各控件的属性及有关控件的程序代码;

(6) 连接好硬件进行调试。

编制 PC 串行通信程序的关键是正确使用 VB 的串行通信控件 MSComm,MSComm 有许多属性,下面仅介绍最主要的属性:

(1) Commport:设置或返回使用的串口号,确定 PC 使用哪个 COM 口(RS-232C 接口);

(2) Setting:设置或返回串口协议,包括波特率、奇偶校验、数据位数、停止位数;

(3) PortOpen:设置或返回使用串口的状态,在使用串口前必须打开,使用完关闭;

(4) InputMode:设置或返回通信使用的数据格式,数据格式有二进制和文本两种;

(5) InputLen:设置由串口读入的字符串长度;

(6) Input:从输入缓冲区读出数据;

(7) Output:将字符写入输出缓冲区;

(8) CommEvent:返回通信事件或通信错误;

(9) Rthreshold:设置引发 On Comm 事件的接收字符个数。

在使用 VB 编制 PC 的串行通信程序时,还要用到 VB 的 On Comm 事件,正在工作的 COM 口接收到 Rthreshold 属性规定数量的字符时,On Comm 事件发生,执行 On Comm() 子程序。这类似于单片机的中断,在串口接收到数据后自动跳转到接收数据处理子程序。

为了便于初学者学习,给出上位 PC 和下位单片机软件程序的参考代码,具体如下:

(1) 上位 PC 的程序设计

① 启动 VB 进入 VB 主界面,为 PC 的串行通信程序建立一个工程,如图 15.5 所示。

② 打开"工程"下拉菜单,打开"部件"对话框,在对话框中选中 Microsoft Comm Control 6.0 选项(如图 15.6 所示),单击"确定"按钮,则在工具箱内就可出现 MSComm 控件,MSComm 控件加载完成。

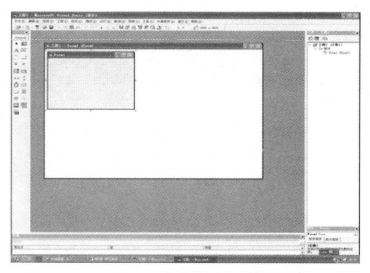

图 15.5 启动 VB 建立工程

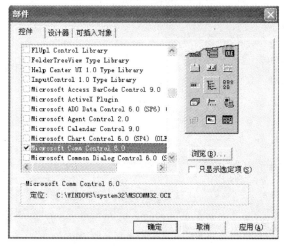

图 15.6 加载 MSComm 控件 1

③ 在工具箱中,双击 MSComm 控件,将 MSComm 控件加入窗体。

④ 在窗体放置两个文本框用来显示发送和接收的数据,在文本框旁放两个标签作为文字提示,放 3 个命令按钮分别用来控制发送数据、清除接收区、退出系统,如图 15.7 所示。

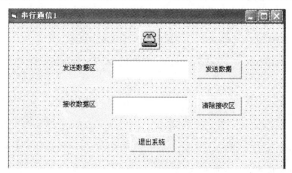

图 15.7 加载 MSComm 控件 2

⑤ 输入 MSComm 的初始化程序代码、On Comm 事件、发送数据命令按钮事件、清除接收区命令按钮事件、退出系统命令按钮事件的程序代码,具体程序代码如下:

```vb
'-------------- 声明全局变量 --------------
Dim ReceiveData( ) As Byte
Dim SendData( ) As Byte
'--------------------------------------
'-------------- 初始化代码 --------------
Private Sub Form_Load()
    With MSComm
        .CommPort = 1
        If .PortOpen = True Then .PortOpen = False
        .Settings = "9 600,N,8,1"
        .InputMode = comInputModeBinary
        .RThreshold = 1
        .InputLen = 0
        .PortOpen = True
        .InBufferCount = 0
        .OutBufferCount = 0
    End With
    txtSend.Text = ""
    txtReceive.Text = ""
End Sub
'--------------------------------------
'---------- On Comm 事件代码 -------
Private Sub MSComm_OnComm()
    Dim i As Integer
    Select Case MSComm.CommEvent
    Case comEvReceive
    ReceiveData = MSComm.Input
    For i = LBound(ReceiveData) To UBound(ReceiveData)
        txtReceive.Text = (txtReceive.Text) & ReceiveData(i)
    Next i
    End Select
End Sub
'--------------------------------------
'---------- 发送数据命令按钮代码 ------
Private Sub cmdSend_Click()
```

```vb
    Dim i As Integer
    If Len(txtSend.Text) = 0 Then Exit Sub
    ReDim SendData(Len(txtSend.Text) - 1)
    For i = 0 To Len(txtSend.Text) - 1
        SendData(i) = Mid $ (txtSend.Text, i + 1, 2)
      i = i + 1
    Next i
    MSComm.Output = SendData
End Sub
'------------------------------------------
'--- 清除接收区命令按钮事件代码--
 Private Sub cmdClear_Click()
  txtReceive.Text = " "
 End Sub
'------------------------------------------
'-------- 退出命令按钮事件代码-------
   Private Sub cmdEnd_Click()
    End
   End Sub
'------------------------------------------
```

(2) 下位单片机的程序设计

```c
//----------------------- T151.c 程序---------------------
//文件名称:T151.c
//程序功能:单片机与 PC 进行点对点串行通信的应用程序。
//编制时间:2010 年 2 月
//-----------------------------------------------------
      #include <reg51>
      unsigned char r_data
      void main ( )
      {
         SCON = 0xD0 ;         //串口初始化,方式 3
         PCON = 0 ;            //波特率不增倍
         TMOD = 0x20;          //定时器 T1 初始化
         TL1 = 0xFD ;          //产生 9 600 bit/s 的计数初值
         TH1 = 0xFD ;          //启动定时器 T1
         TR1 = 1 ;
         ES = 1 ;              //允许串口中断
```

```
        EA = 1 ;                    //中断总允许
        while ( 1 ) ;
    }
    s_int ( ) interrupt 4           //串行口中断函数
    {
        if (RI = = 1)
        {
            RI = 0 ;
            r_data = SUBF ;          //读取数据
            SUBF = r_data ;          //发送数据
        }
        if (TI = = 1)
        {
            TI = 0;
        }
    }
```
//---------------------- T151.c 程序结束 ----------------------

此题目运行调试在 PC 上的显示结果,如图 15.8 所示。

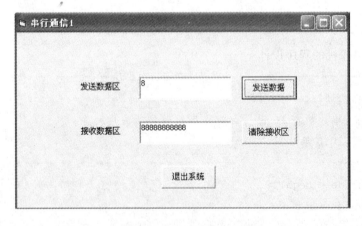

图 15.8　数据发送和接收的运行显示结果

2. 使用"串口助手"实现单片机与 PC 串行通信

如图 15.9 所示,设计一个单片机和 PC 进行点对点串行通信的应用系统,单片机的时钟电路、复位电路以及 P0 口的上拉电阻,在电路图中省略,具体可参考前面的实验。已知,单片机与 PC 的通信速率为 9 600 bit/s,单片机的串口工作于方式 1,使用定时器 T1 的方式 2 产生比特率,系统的晶振频率是 11.059 2 MHz,请使用 C51 语言设计单片机一侧的应用程序。具体要求如下:

(1) 设计 C51 程序实现单片机和 PC 之间的点对点串行通信,当 PC 向单片机发送字符

时,单片机将接收到的字符再返回到上位 PC 的软件中进行显示,需要进行实际硬件的运行调试;

(2) 当 PC 向单片机发送字母 A 时,单片机接收后使蜂鸣器发出响声;当 PC 向单片机发送字母 B 时,蜂鸣器停止发出响声。

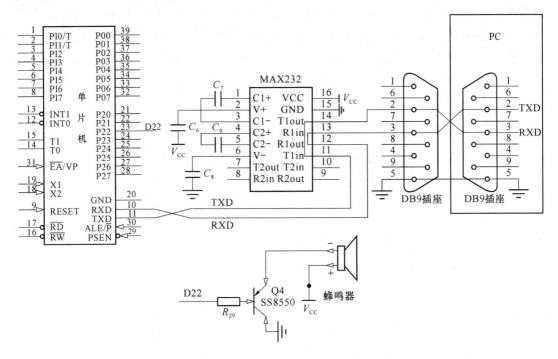

图 15.9　单片机与 PC 进行点对点串行通信的电路图

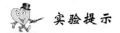

实验提示

通常,在进行单片机与 PC 点对点串行通信应用系统的设计过程中,既要设计上位 PC 的应用程序,又要设计下位单片机的控制程序,例如本次实验内容 1。然而,是不是每次单片机一侧程序的设计,都需要先开发上位机的图形用户界面程序呢？目前,有很多现成的上位 PC 串口调试工具,因此大家可以直接拿来使用,这样对单片机一侧程序的调试就会更加简便。这里在上位 PC 上,使用了一个现成的,称为"串口调试助手"的小工具软件,如图 15.10 所示。

从图 15.10 中可以看到,这个"串口调试助理"小工具的最下面,用于设置 PC 串口的基本属性,通常为 COM1 串口,波特率是 9 600 bit/s,8 个数据位,1 个停止位;再往上就是"单字串发送区",该区域用于将上位 PC 的字符,发送给下位单片机,既可以每次发一个字符,也可以每次同时发送多个字符,同时发送多个字符时,需要注意相邻两字符间需要有空格,发送的方式既可以是 16 进制数,也可以是字符的 ASCII 方式;图 15.10 的最上面一大块区域,是 PC 从串口接收进来的数据显示区。

例如,在此题中,当使用"串口调试助理"小工具调试单片机一侧的程序时,首先在"单字串发送区"写入 PC 要向单片机发送的字符,既可以写一个字符也可以写多个字符。在图中,PC 向单片机发送了"A B C D E F 1 2 3 4 5 6 7 8 9 10 11 12 13 14 15 16"多个 16 进制字符,如果这时单片机一侧的程序正确,接收到每个字符后就会将它们依次返回到数据的接收区来进行显示,如图 15.10 所示。另外,题目要求上位 PC 可以通过发送字母 A、B,来控制下位单片机所连接设备的运行与停止。这里要求,当 PC 发送字母 A 时,下位单片机 P2.2 管脚控制的蜂鸣器就会响。在 C51 程序的设计过程中,根据电路图可以使用 if 语句进行判断,如果接收的字符为 A,则使 P2.2 管脚为低电平,这时蜂鸣器就会响;如果 PC 发送字母 B,则单片机在接收到这个字母以后,只要使管脚 P2.2 为高电平,则蜂鸣器的响声就会立即停止。

图 15.10 "串口调试助手"工具软件的界面图

为了便于初学者的学习,给出下位单片机的参考代码,具体如下:
//------------------------------- T152.c 程序 -------------------
//文件名称:T152.c
//程序功能:单片机与 PC 进行点对点串行通信的程序。
//编制时间:2010 年 2 月
//---

```
#include <at89x52.h>           //包含头文件
unsigned char ch;              //定义无符号字符型变量 ch
sbit SJG = P2^2;               //定义蜂鸣器的控制管脚 P2.2
```

```c
bit read_flag = 0 ;              //给位变量赋初值为 0

void init_scom( )                //串口初始化子函数
{
    SCON = 0x50 ;                //SCON：方式 1，8 位，允许接收
    TMOD| = 0x20 ;               //TMOD：定时器 1 工作于方式 2,8 位自动重装载
    PCON| = 0x80 ;               //SMOD = 1,波特率加倍
    TH1 = 0xFA;                  //波特率:9 600 晶振 = 11.059 2 MHz
    IE| = 0x90 ;                 //开启串口中断
    TR1 = 1 ;                    //启动定时器 1
}


void send_char(unsigned char ch) //向 PC 发送一个字符
{
    SBUF = ch;
    while (TI == 0);
    TI = 0 ;
}


void serial( )interrupt 4 using 3   //从 PC 接收一个字符
{
    if (RI)
    {
        RI = 0 ;
        ch = SBUF;               //将接收的字符存于变量 ch 中
        read_flag = 1 ;          //置位接收标志
    }
}

void main( )
{
    init_scom( );                //初始化串口
    while(1)
    {
        if(read_flag)            //如果接收标志已置位
        {
            read_flag = 0 ;      //接收标志清 0
```

```
            if(ch = = 0xa) { SJG = 0; }        //若从PC接收的是字母A,则蜂鸣器响
            if(ch = = 0xb) { SJG = 1; }        //若从PC接收的是字母B,则蜂鸣器停止响
            send_char(ch);                     //将读到的数发送回PC
        }
    }
}
//---------------------T152.c 程序结束-----------------------
```

3. 选做题

(1) 仿照图 15.10 所示上位 PC 的"串口调试助手"工具软件的界面,使用 VB 设计一个上位 PC 的串口通信应用程序,并在单片机一侧设计单片机收、发数据的控制程序,并能通过上位机的人机接口界面应用程序,来控制与下位单片机的通信,要求进行实际硬件的运行和调试。

(2) 参考图 15.9 所示,设计一个单片机和 PC 进行点对点串行通信的应用系统,单片机的时钟电路、复位电路、P0 口的上拉电阻以及数码管电路部分,在图中省略,具体可参考前面的实验。已知,单片机与 PC 的通信速率为 9 600 bit/s,单片机的串口工作于方式 1,使用定时器 T1 的方式 2 产生波特率,系统的晶振频率是 11.059 2 MHz。要求,当 PC 向单片机发送字符时,单片机将接收到的字符再返回到上位 PC 的软件中进行显示,同时单片机将接收到的数据,在其控制的数码管上进行实时动态显示。请使用 C51 语言设计单片机一侧的应用程序,并配合"串口调试助手"等工具软件,进行实际的硬件运行与调试。

【实验报告】

(1) 总结单片机与 PC 串行通信应用系统的软、硬件设计方法;
(2) 画出单片机与 PC 串行通信的硬件连接图;
(3) 写出所做实验程序的源代码,给每行语句加上详细的注释,并画出程序流程图;
(4) 叙述系统调试过程中遇到的问题和解决方法,写出本次实验的收获和心得体会。

实验 16 A/D 转换实验

【实验目的】

(1) 理解 A/D 转换的基本概念,了解 A/D 转换器的用途;
(2) 了解常用的 A/D 转换器芯片及使用方法;
(3) 掌握使用 A/D 转换器实现单片机模拟量数据输入的软硬件设计方法。

【预习与思考】

(1) 预习本实验原理以及配套理论教材中"A/D 转换"的相关内容。
(2) 什么是 A/D 转换?它有什么用途?
(3) A/D 转换有哪些主要技术指标?
(4) A/D 转换器芯片 ADC0804 和 ADC0809 能将什么样的模拟信号转换为什么样的数据?它们各有几个输入通道?
(5) 在使用 ADC0804 和 ADC0809 芯片时,它们如何与单片机连接?如何编程启动 A/D 转换;如何得到 A/D 转换的结果?如何进行输入通道的切换?

【实验原理】

1. A/D 转换的基础知识

在实际测控系统中,经常需要对电压、电流、温度、压力、流量等连续变化的物理量,进行不停的监测与控制。如果要使用单片机来实现对这些变量的监控,首先要解决这些变量和单片机之间的输入与输出问题。通常,使用 A/D 转换和 D/A 转换来解决这些变量和单片机之间的输入与输出问题。通常,A/D 转换用于将模拟量转换为数字量。模拟量主要是指类似温度、压力、流量、速度、电流、电压等变量,这些变量的数值大小是随时间连续变化的;而数字量是指数值大小只有 0、1 两种情况,并且是随时间离散变化的量。如图 16.1 所示,(a)图是以电压为例的模拟量的数值变化图,(b)图是数字量的变化图。

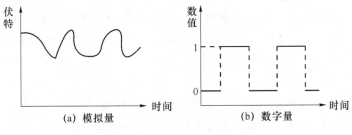

图 16.1 模拟量和数字量变化示意图

从图中可以看出，模拟量的大小随时间连续变化，而数字量不随时间连续变化，即它是离散的。一般，单片机、PC、笔记本式计算机等计算机内部能够处理的是数字量，不能直接处理模拟量。因此，如果当外围设备向单片机输入 1 个模拟量——电压时，首先要使用 A/D 转换，将电压这个模拟量转换成由 0、1 组成的数字量，然后再输入到单片机进行相应的处理。

在理解了 A/D 转换的基本概念以后，接下来要介绍 A/D 转换的基本方法。通常，A/D 转换有很多方法，例如：积分型 A/D 转换、逐次逼近型 A/D 转换、并行比较型/串并行比较型 A/D 转换、电容阵列逐次比较型 A/D 转换、$\Sigma-\triangle$ 调制型 A/D 转换以及 V-F 型 A/D 转换等。这里以经常使用的积分型 A/D 转换以及逐次逼近型 A/D 转换为例进行简要介绍。

(1) 积分型 A/D 转换：是将输入的电压转换成时间或频率，然后由定时器/计数器获得数字值。积分型 A/D 转换的工作原理类似于古代的沙漏计时或燃香计时。沙漏计时是指先在沙漏里放入一定量的沙子，然后让沙子按照一定的速度流下，根据流出沙子的重量就可以估计时间的多少。其中，沙漏里的沙子就好比是模拟量，而估计出来的时间就好比是数字量。这种方法的 A/D 转换，优点是精度高、抗扰能力强，缺点是速度较低。目前，实际使用较多的是逐次逼近型 A/D 转换。

(2) 逐次逼近型 A/D 转换：是由一个比较器和 D/A 转换器通过逐次比较逻辑构成。当逐次增加内部的 D/A 输入值时，将其输出的电压与 A/D 转换要测量的电压进行比较。两者相等时，内部 D/A 的输入值就是 A/D 转换的结果。逐次逼近型 A/D 转换的工作原理类似于天平称重物。当增加砝码天平平衡时，砝码的重量就是被称重物的质量。在这里，重物就好比是模拟量，而砝码就好比是经过 A/D 转换后的数字量。逐次逼近型 A/D 转换的优点是速度快，缺点是抗扰能力差。

虽然，A/D 转换的方法比较多，但是衡量一次 A/D 转换是否成功并可靠，主要有如下一些指标：转换速率、转换精度、分辨率、线性度、偏移误差、量化误差等。下面对前 3 个主要转换指标进行解释。

(1) 转换速率(Conversion Rate)：是指完成一次 A/D 转换所需要时间的倒数，它是一项非常重要的指标。积分型 A/D 转换的时间是毫秒级，属于低速 A/D 转换；逐次比较型 A/D 转换的时间是微秒级，属于中速 A/D 转换；并行比较型/串并行比较型 A/D 转换的时间是纳秒级，属于高速 A/D 转换。选择何种速率的 A/D 转换器，要根据实际需要以及性价比等因素确定。

(2) 转换精度(Conversion Accuracy)：定义为一个实际的 A/D 转换器与一个理想的 A/D 转换器在量化值上的差异。转换精度由模拟误差和数字误差组成。前者属于非固定误差，由器件质量决定；后者与 A/D 转换输出数字量的位数有关，位数越多，误差越小。

(3) 分辨率(Resolution)：指模拟量变化一个最小的单位时，数字量变化的大小。通常，以 A/D 转换器的位数来表示。

通常，把一个模拟量转换成数字量需要使用 A/D 转换器(Analog to Digital Converter，ADC)。目前，在单片机的实际应用中，可以选择两种类型的 ADC，即并行 ADC 和串行 ADC。所谓并行 ADC 是指 A/D 转换器的内部有多个比较器，可以同时将外围设备输入的模拟量数据一次转换成多位数字量输出给单片机进行处理;而串行 ADC 是指外围设备输入的模拟量数据一次转换成 1 位数字量输出给单片机来进行处理。从 A/D 转换的效率来看,并行 ADC 要优于串行 ADC,但从价格和应用方便的角度看串行 ADC 要好于并行 ADC。下面将简要介绍并行 A/D 转换器芯片 ADC0804 和 ADC0809 的基本情况。

2. 并行 A/D 转换器芯片 ADC0804 和 ADC0809

在实际的模拟量数据采集系统中,需要使用单片机来控制 ADC,从而完成对外围设备中运行的模拟量数据进行采集。单片机控制 ADC 进行模拟量采集的原理如图 16.2 所示。从图中看到,外围设备中运行的模拟量经过传感器处理以后,被传送到了 ADC,再经过 A/D 转换以后就会得到数字量。最后,将数字量输入给单片机来进行各种数据分析处理。下面将具体介绍两类并行 ADC 芯片,首先介绍 ADC0804 芯片。

图 16.2 单片机控制 ADC 采集模拟量数据的原理图

(1) ADC0804 芯片:该芯片是根据逐次逼近型转换原理,生产的 8 位并行 A/D 转换器芯片。该芯片可以将 0~+5 V 的模拟量数据,从两个差分管脚输入到 ADC 中进行转换,也可以将一个差分管脚接地,另一个管脚接输入的模拟量,然后将转换得到的 8 位数字量输出给单片机进行处理。该芯片的外部引脚,如图 16.3 所示。

ADC0804 芯片的各管脚功能如下:

① $V_{IN}(+)$ 和 $V_{IN}(-)$:差动模拟电压输入管脚,输入单端正电压时,$V_{IN}(-)$ 接地,而差动输入时,直接将模拟电压信号连接到 $V_{IN}(+)$ 和 $V_{IN}(-)$ 管脚;

② $\overline{CS}$:芯片选择信号,低电平有效;

③ DB0~DB7:A/D 转换结果的 8 位数字输出量;

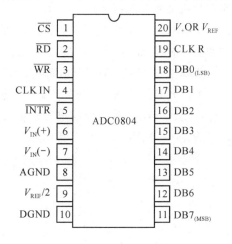

图 16.3 ADC0804 芯片的管脚图

④ $\overline{WR}$:用来启动转换的控制输入管脚,相当于 ADC 的转换开始($\overline{CS}=0$ 时),当 $\overline{WR}$ 由高电平变为低电平时,转换器被清除,当 $\overline{WR}$ 再次返回到高电平时,A/D 转换正式开始;

⑤ $\overline{RD}$:单片机读取 A/D 转换结果的控制信号。当该管脚为低电平时,DB0~DB7 的数字量才会输出到单片机;

⑥ $\overline{INTR}$:中断请求信号输出管脚,低电平有效,此管脚用于中断方式输出 A/D 转换的结果;

⑦ CLK IN 和 CLK R:时钟输入管脚以及外接振荡元器件管脚,工作时钟频率大约限制在 100 kHz~1 460 kHz;

⑧ V_{CC}、AGND、DGND:分别是电源或参考电压管脚、模拟信号接地管脚、数字信号接地管脚;

⑨ $V_{REF}/2$:辅助参考电压管脚。

(2) ADC0809 芯片:该芯片是根据逐次逼近型转换原理,生产的 8 位并行 A/D 转换器芯片。该芯片可以将 0~+5 V 的模拟量数据,分别从 8 个模拟通道之一输入到 ADC 中进行转换,然后将得到的 8 位数字量转换结果,输出给单片机进行处理。相比于 ADC0804 芯片,ADC0809 芯片具有 8 个模拟量的输入通道,可同时进行多路模拟信号的采集,而 ADC0804 芯片只能进行单路的模拟信号采集。ADC0809 芯片的外部管脚,如图 16.4 所示,各管脚功能如下:

① IN0~IN7:8 路模拟量数据输入通道管脚,每个管脚都可以输入 0~+5 V 的电压模拟量。

② C、B、A:8 路模拟量输入通道的选择管脚,通常连接单片机的三根地址线。当 C、B、A 的值分别为 000~111 时,则对应选择模拟量的输入通道是 IN0~IN7。

③ ALE:地址输入的锁存信号管脚,高电平有效。当此管脚有效时,C、B、A 这 3 个管脚上的地址信息被输入到 ADC0809 芯片中,然后再进行相应的模拟量输入通道选择。

④ D0~D7:8 位数字量输出管脚。当 A/D 转换结束后,得到的 8 位数字量转换结果将从这 8 个管脚输出给单片机进行处理。

⑤ OE:输出使能管脚,高电平有效。当此管脚是高电平时,将转换后得到的数字量输出至单片机的数据总线上。

⑥ START:A/D 转换开始的管脚,正脉冲有效。当正脉冲持续时间大于 100 ns 时,在正脉冲的上升沿对 ADC0809 的内部寄存器进行清零,而在正脉冲的下降沿开始 A/D 转换。

⑦ EOC:A/D 转换结束管脚,高电平有效。当此管脚有效时,代表本次 A/D 转换已经结束。

⑧ CLOCK:时钟输入管脚。输入频率的范围是 10~1 200 kHz,典型值为 640 kHz。

⑨ V_{CC}、GND:芯片工作的电源和地管脚。通常,V_{CC} 接+5 V 直流电源,GND 接地。

⑩ $V_{REF}(+)$、$V_{REF}(-)$:参考电压输入管脚。

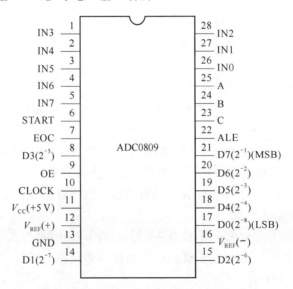

图 16.4 ADC0809 芯片的管脚图

3. 单片机控制 ADC0809 芯片实现 A/D 转换的硬件设计

由于 ADC0804 芯片只有 1 个通道,相对比较简单,因此这里以复杂一些的 8 通道 A/D 转换器芯片 ADC0809 为例,来介绍单片机与它的硬件设计。在单片机控制 ADC0809 芯片进行 A/D 转换设计的过程中,要注意两个问题:(1)如何确定 ADC0809 芯片在硬件电路中的地址,从而启动硬件进行 A/D 转换以及输出 A/D 转换的结果;(2)当 A/D 转换结束后,单片机如何读取 A/D 转换的结果。下面将具体介绍:

(1) ADC0809 芯片硬件地址的确定:主要是通过对单片机输入给 ADC0809 芯片控制管脚 OE、ALE、START 上的信号进行地址译码以及 C、B、A 引脚上的信号共同组合而得到的;

(2) A/D 转换结果的读取方式:通常有查询和中断两种方式。

① 查询方式:单片机不断查询 ADC0809 芯片的 EOC 管脚,当此管脚为低电平时,表示正在进行 A/D 转换,则继续查询;若为高电平时,表示 A/D 转换已经完成。此时查询结束,当 OE 管脚高电平有效时,单片机就可以从 0809 芯片的 D0~D7 管脚读取 A/D 转换结果。

② 中断方式:采用中断方式读取数据时,EOC 管脚需要经过一个"非"门连接到单片机的外部中断请求线(低电平有效)上。当正在进行 A/D 转换时,EOC 管脚处于低电平状态,不会产生中断请求;而当 A/D 转换结束后,EOC 管脚处于高电平状态,经过反门后得到低电平,此时单片机的外部中断请求线管脚有效,这样 ADC0809 芯片就对单片机产生了一个中断请求信号,来通知单片机 A/D 转换已经结束,此时单片机就可以将 A/D 转换的结果读走了。同时,单片机会响应 ADC0809 芯片提出的这个中断请求,于是在单片机的中断服务程序中就会对刚才由 ADC0809 芯片转换得到的结果,进行相应的处理。

【实验设备和器件】

(1) PC 一台,操作系统为 Windows XP,内存 256 MB 以上,硬盘 10 GB 以上。

(2) Keil μVision2 集成开发环境的安装软件,并将该软件安装到 PC 上正常工作。

(3) 单片机应用系统开发板一个,开发板上配有进行单片机实验所必要的各种硬件资源,同时需要与 PC 相连的串口线和 USB 连接线各一条。

【实验内容】

1. 单通道 A/D 转换应用系统的设计

如图 16.5 所示,设计一个单片机控制 ADC0804 芯片进行单通道 A/D 转换的应用系统。在图中省略了单片机对数码管控制部分的电路图,这部分电路具体可见实验 8。要求,每当图中右侧的电位器位置发生变化时,经过 A/D 转换得到的数字量,实时动态的显示在数码管上,采集模拟电压的范围是 0~+5 V。具体要求如下:

(1) 使用 C51 语言设计单片机控制 ADC0804 芯片采集单通道模拟量的软件程序,要进行实际硬件的运行调试;

(2) 调节控制模拟量输入的电位器,观察显示的采集结果。

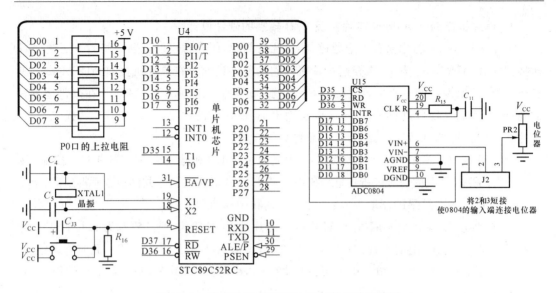

图 16.5　单片机与 ADC0804 的硬件连接电路图

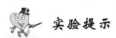

实验提示

单片机控制 ADC0804 芯片，进行单通道 A/D 转换应用系统的设计过程中，需要注意 $\overline{RD}$ 和 $\overline{WR}$ 管脚的赋值。在 $\overline{CS}$ 管脚有效时，当 $\overline{WR}$ 管脚为高电平→低电平→高电平的变化后，ADC0804 芯片开始进行 A/D 转换；当 $\overline{RD}$ 管脚为低电平时，才能读到 A/D 转换后得到的数字量结果。为了便于初学者学习，给出程序的参考代码，具体如下：

```
//------------------------- T161.c 程序 ---------------------
//文件名称:T161.c
//程序功能:单片机使用 ADC0804 进行模数转换以及数码管显示的应用程序。
//编制时间:2010 年 2 月
//---------------------------------------------------------

#include <AT89x52.h>           //定义头文件和数据类型
#define uint unsigned int
#define uchar unsigned char


sbit AD_RD = P3^7;             //定义 ADC0804 的读管脚
sbit AD_WR = P3^6;             //定义 ADC0804 的写管脚
sbit DA_CS = P3^2;             //定义 DAC0832 的片选管脚
sbit AD_CS = P2^0;             //定义 ADC0804 的片选管脚
sbit WEI = P2^7;               //定义数码管的位选端
sbit DUAN = P2^6;              //定义数码管的段选段
uchar Temp[ ] = {0x3f,0x06,0x5b,0x4f,0x66,0x6d,0x7d,0x07,0x7f,0x6f};
```

//定义 0~9 的段码表

```c
void delay(uint z)                //1 ms 左右的延时程序
{
    uint x,y;
    for(x = z;x>0;x--)
        for(y = 115;y>0;y--);
}

void start( )                     //ADC0804 的启动子函数
{
    AD_WR = 1;                    //只要给 ADC0804 的写管脚发高-低-高,则启动 A/D 转换
    AD_WR = 0;
    AD_WR = 1;
}

void wei_lock(uchar wei)          //锁存位选码子函数
{
    WEI = 1;
    P0 = wei;
    WEI = 0;
}

void duan_lock(uchar duan)        //锁存段选码子函数
{
    uint i;
    DUAN = 1;
    P0 = Temp[duan];
    DUAN = 0;
    for(i = 150;i>0;i--);
}

void display(uchar dat)           //A/D 转换的结果显示在数码管的右侧 3 位
{                                 //即在 X6~X8 数码管上显示数字量 0~255
    uint a,b,c;
    a = dat%100%10;
    b = dat%100/10;
    c = dat/100;
```

```c
        wei_lock(0xdf);              //显示百位
        duan_lock(c);
        wei_lock(0xbf);              //显示十位
        duan_lock(b);
        wei_lock(0x7f);              //显示个位
        duan_lock(a);
        wei_lock(0xff);              //关闭所有数码管
    }

    void  main( )
    {
        uchar ADC_data;              //定义变量 ADC_data,用于保存 A/D 转换的结果
        AD_CS = 0;                   //让 ADC0804 芯片的片选有效
        DA_CS = 1;                   //让 DAC0832 芯片的片选无效,去除干扰
        while(1)                     //无限循环进行 A/D 转换以及数字量的显示
        {   start( );                //启动 ADC0804 开始进行 A/D 转换
            delay(5);                //延时 5 ms
            AD_RD = 0;               //ADC0804 读转换结果的管脚有效
            delay(5);                //延时
            ADC_data = P1;           //将 ADC 转换得到的数字量从 P1 口读出
            delay(5);                //延时
            AD_RD = 1;               //ADC0804 读转换结果的管脚无效
            delay(5);                //延时
            display(ADC_data);       //将从 P1 口读到的数字量,在数码管上进行显示出来
        }
    }
    //---------------------- T161.c 程序结束 -----------------------
```

2. 多通道 A/D 转换应用系统的设计

如图 16.6 所示,使用模数转换器芯片 ADC0809,设计一个单片机多通道模数采集系统。该数据采集系统,每个通道采集模拟信号的范围是 0～+5 V,转换得到的数字量范围是 00H～FFH。已知,图中 Y1 是经过地址译码后 ADC0809 的地址信号,具体地址值为 0x9000。另外,XRD 和 XWR 分别代表单片机的读、写管脚产生的信号,$\overline{SP}$代表一个单脉冲按钮产生的低电平信号,请使用 C51 语言设计应用程序,具体要求如下:

(1) 在 Keil μVision2 集成开发环境中,使用 C51 语言设计程序,采集通道 IN0 输入的模拟量,并将每次采集的结果在数码管上进行动态显示;

(2) 如果在模拟量的输入通道 IN0、IN2、IN4、IN6,同时输入 4 路 0～+5 V 的直流电压,如何设计程序来采集这 4 路电压。

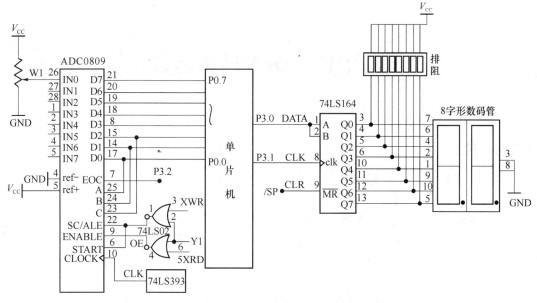

图 16.6 单片机多通道模拟量采集系统的硬件原理图

实验提示

如图 16.6 所示,ADC0809 芯片通过 IN0~IN7 通道,将模拟电压 0~+5 V 采集到 A/D 转换器 0809 中,当 START 引脚是高电平时,ADC0809 开始将采集的模拟电压信号转变为数字信号,转换后的数字信号范围是 00H~FFH。单片机通过 P0 口,将转换后得到的数字量送入单片机的 CPU 中,再通过 P3.0 管脚输出到 74LS164 芯片,最终在两个数码管上显示出数字量 00H~FFH。

3. 选做题

(1) 如图 16.5 所示,设计一个单片机控制 ADC0804 芯片进行单通道 A/D 转换的应用系统。在图中省略了单片机对发光二极管的控制电路图,这部分电路具体可见实验 7。要求,每当图中右侧的电位器位置发生变化时,经过 A/D 转换得到的数字量,实时动态地显示在 8 个发光二极管上,采集模拟电压的范围是 0~+5 V。例如,+5 V 时,8 盏小灯全灭;0 V,时 8 盏小灯全亮,以此类推,请设计 C51 程序,并进行实际硬件的运行调试。

(2) 使用 ADC0804 芯片、单片机芯片以及数码管,利用单片机的定时器和中断功能设计一个定时模拟量数据采集系统,要求每 5 秒钟采集一次模拟量数据,并把转换的结果进行实时显示。

【实验报告】

(1) 总结单片机控制 A/D 转换器进行模数转换的软、硬件设计方法;
(2) 画出所做实验的单片机与 A/D 转换芯片的硬件连接图;
(3) 写出所做实验程序的源代码,给每行语句加上详细的注释,并画出程序流程图;
(4) 叙述系统调试过程中遇到的问题和解决方法,写出本次实验的收获和心得体会。

实验 17 D/A 转换实验

【实验目的】

(1) 理解 D/A 转换的基本概念,了解 D/A 转换器的用途;
(2) 了解 D/A 转换器 DAC0832 芯片的使用方法;
(3) 掌握单片机控制 D/A 转换器进行数/模转换的软、硬件设计方法;
(4) 了解通过单片机控制 D/A 转换器输出三角波、方波、锯齿波等不同波形的实现方法。

【预习与思考】

(1) 预习本次实验原理以及配套理论教材中"D/A 转换"的相关内容。
(2) 什么是 D/A 转换?D/A 转换有什么用途?
(3) D/A 转换有哪些主要技术指标?
(4) DAC0832 如何与单片机连接?
(5) 如何编程实现 D/A 转换?如何控制 D/A 转换器模拟量输出值的大小?

【实验原理】

1. D/A 转换的基础知识

D/A 转换是指将数字量转换为模拟量的过程。D/A 转换的工作原理是以电阻解码网络为基础的,常用的电阻解码网络有二进制权电阻解码网络和 T 型电阻解码网络。转换的过程是先将各位数码按其权的大小转换为相应的模拟分量,然后使用叠加的方法把各分量合成,其和就是 D/A 转换的结果。如图 17.1 所示,是使用 T 型电阻网络来进行 D/A 转换的原理图。

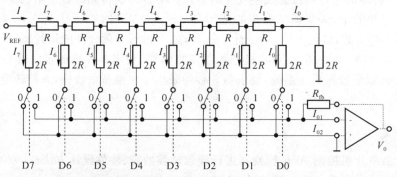

图 17.1 T 型电阻网络的 D/A 转换原理图

目前,常用的 D/A 转换主要包括电压输出型和电流输出型,下面将简要介绍这两种类型的 D/A 转换。

(1) 电压输出型 D/A 转换:即经过 D/A 转换以后,输出的模拟量是电压。通常采用内置输出放大器以及低阻抗的输出电压方式,也有直接从电阻阵列输出电压的情况。但由于直接输出电压的 D/A 转换器通常用于高阻抗负载,并且没有输出放大器的延迟,因此常把直接从电阻阵列输出电压的情况用于高速 D/A 转换器,其他情况用于中、低速 D/A 转换。

(2) 电流输出型 D/A 转换:即经过 D/A 转换以后,输出的模拟量是电流,但通常此电流不直接输出给设备,一般情况都是通过外接"电流－电压"转换电路,最终得到电压信号后再传输给相应的外围设备。在外接"电流－电压"的转换电路时,有两种方法:一种是在 D/A 转换器的输出管脚上直接连负载电阻,从而实现"电流－电压"的转换;另一种方法是在 D/A 转换器的输出管脚上连接运算放大器,从而实现 D/A 转换后输出电压。通常,由于电流型 D/A 转换器,多数使用外接运算放大器的方法,所以速度较电压型 D/A 转换要慢些。通常,若不接运算放大器,则 D/A 转换后直接输出的小功率或弱电模拟信号,可以被用作大功率或强电模拟信号的控制信号。

D/A 转换的技术指标主要包括以下 5 点:

(1) 分辨率:是指数字量变化一个最小的单位时,模拟量变化的大小即 D/A 转换能分辨的最小输出模拟增量。通常,以 D/A 转换器的位数来表示。

(2) 转换精度:是指在满量程的情况下,D/A 转换的实际模拟输出值和理论值的接近程度。通常,转换精度与 D/A 转换输出的数字量位数有关,位数越多,误差越小,并且一般的 D/A 转换过程中转换精度都是分辨率的一半。

(3) 线性度:指 D/A 转换的实际特性曲线和理想直线间的最大偏差。

(4) 转换时间:将输入的数字量转换为稳定的模拟量输出所用的时间。

(5) 输出信号的类型和信号变化范围。

通常,把一个数字量转换成模拟量需要使用 D/A 转换器(Digital to Analog Converter, DAC)。目前,在单片机的实际应用中,可以选择两种类型的 DAC 即并行 DAC 和串行 DAC。所谓并行 DAC 是指 D/A 转换器每次能从单片机接收到的多位数字量,然后将它们共同转换成模拟量,再传输给外围设备使用;而串行 DAC 是指 D/A 转换器每次只能从单片机接收到 1 位数字量,等到需要转换的所有位数字量都接收后,再启动 D/A 转换,并将得到的模拟量传输给外围设备进行处理。从 D/A 转换的效率来看,并行 DAC 要优于串行 DAC,但从价格和应用方便的角度看串行 DAC 要好于并行 DAC。近年来,串行 DAC 在应用中使用较多,但程序设计相对复杂。本次实验使用的是并行 D/A 转换器,这里以常用的并行 D/A 转换器 DAC0832 芯片为例来进行介绍。

2. 并行 D/A 转换器芯片 DAC0832

并行 D/A 转换器芯片 DAC0832 是一种带有输入锁存器以及输入寄存器的两级 8 位电流输出型 D/A 转换器芯片,由美国国家半导体公司研制。该芯片具有以下特性:

(1) 分辨率为 8 位(即 1/255),单一的电源供电(＋5～＋15 V);

(2) 具有单缓冲、双缓冲以及直通输入等 3 种工作方式;

(3) 逻辑输入电平与 TTL 电平兼容,低功耗,只有 20 mW。

DAC0832 芯片的内部结构如图 17.2 所示。从图中可以看出,DAC0832 内部主要由 3 部分组成,具体如下:

(1) 8 位数据锁存器:用于存放来自 CPU 的数字量,使这个数字量得到缓冲和锁存,它的控制信号是 $\overline{LE1}$。当 $\overline{LE1}$ 由高变低时,此锁存器锁存 D0～D7 上来自单片机的数字量。这个锁存器所完成的动作,就好比是人们在餐桌上吃饭的时候,首先要说的"上菜"口令。

(2) 8位DAC寄存器:用于存放待转换的数字量,它的控制信号是$\overline{LE2}$。这个寄存器所完成的动作,就好比是人们在餐桌上,当菜已经上齐后,要发出的"干杯"口令。此口令发出后,人们就开始吃饭了,相应的D/A转换器就开始将数字量转换为模拟量。

(3) 8位D/A转换器:由8位T型电阻网络和电子开关组成,电子开关受"DAC寄存器"输出的数字量控制,T型电阻网络输出与数字量成正比的模拟电流。这个转换器所完成的动作,就好比是在"上菜"口令和"干杯"口令都发出之后,人们就开始吃饭了。当DAC0832芯片将数字量转换成电流输出后,通常要再连接一个运算放大器,从而把电流转换成电压。

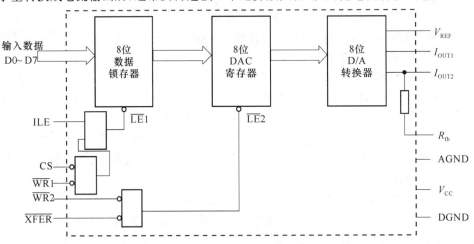

图17.2 DAC0832芯片的内部结构

在理解了并行D/A转换器芯片DAC0832的内部结构以后,接下来要介绍DAC0832的外部管脚。如图17.3所示,DAC0832芯片共有20个管脚,各管脚的具体功能如下:

(1) D10~D17:8位数字量的输入管脚,通常与单片机的数据总线相连。

(2) 控制管脚共有5个,即ILE、$\overline{WR1}$、$\overline{CS}$、$\overline{WR2}$ 和 $\overline{XFER}$。

① ILE:数字量输入锁存控制管脚,高电平有效。

② $\overline{WR1}$、$\overline{WR2}$:写命令控制管脚,低电平有效。当$\overline{WR1}$有效时,第1级8位数据锁存器打开,单片机的数字量可以写入;当$\overline{WR2}$有效时,第2级8位DAC寄存器打开,待进行D/A转换的数据进入其中。

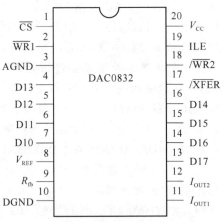

图17.3 DAC0832芯片的外部管脚图

③ $\overline{CS}$:芯片选择管脚,低电平有效时,DAC0832在硬件电路中被选中。

④ $\overline{XFER}$:数据传送控制管脚,低电平有效。一般用于多个DAC器的情况使用。

这里还要对控制信号作进一步的说明,其中$\overline{LE1}$和$\overline{LE2}$满足的逻辑关系是:

$\overline{LE1} = ILE \cap \overline{WR1} \cap \overline{CS}$ $\overline{LE2} = \overline{WR2} \cap \overline{XFER}$

当$\overline{LE1}$为高电平时,数据锁存器状态随数据线变化,$\overline{LE1}$负跳变时将数据锁存在8位输入寄存器中。当$\overline{LE2}$为高电平时,DAC寄存器的输出随输入变化,$\overline{LE2}$负跳变时将8位输入寄存器的内容打入DAC寄存器并开始D/A转换。

(3) 输出管脚:主要由I_{OUT1}、I_{OUT2}和R_{fb}共3个管脚组成,其中R_{fb}为运送放大器反馈电阻管脚,接运放输出端;I_{OUT1}和I_{OUT2}是模拟电流输出管脚,且$I_{OUT1}+I_{OUT2}$为常数。当数字量为FFH时,I_{OUT1}最大而I_{OUT2}最小;当数字量为00H时,I_{OUT1}最小而I_{OUT2}最大。

(4) 电源与接地管脚:工作电源V_{CC}管脚,范围是+5~+15 V;参考电压V_{REF}管脚,范围是-10~+10 V;数字地管脚是DGND;模拟地管脚是AGND。

3. 单片机控制D/A转换的硬件设计

通常在实际应用中,并行D/A转换器芯片DAC0832有3种工作方式,即直通方式、单缓冲方式以及双缓冲方式,各种方式的具体含义如下:

(1) 直通方式:在此方式下,DAC0832芯片内部的8位输入锁存器和8位DAC寄存器的控制信号均处于有效状态,即以上两个寄存器不受控,只要有模拟量进入其中,立即直通到D/A转换器中进行转换,这种方式常用于不带计算机的控制系统中。

(2) 单缓冲方式:应用于系统中只有1路D/A转换,或者虽然有多路D/A转换,但不要求同步输出,此时采用单缓冲方式进行D/A转换,如图17.4所示。在这种方式下,DAC0832芯片的两个寄存器只有一个受控,而另一个处于直通状态,此方式可与单片机进行接口。

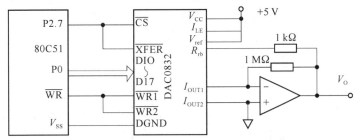

图17.4 单缓冲方式D/A转换的控制原理图

(3) 双缓冲方式:应用于多路D/A转换,并要求同时进行D/A转换的输出,这时使用双缓冲方式,如图17.5所示。这种方式主要是指DAC0832芯片的两个寄存器每个都受控,即两个寄存器均不处于直通状态,此方式也可以与单片机进行接口。

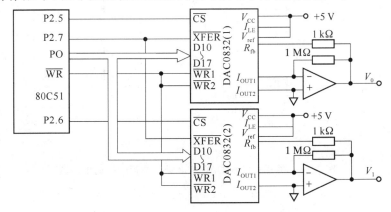

图17.5 双缓冲方式D/A转换的控制原理图

【实验设备和器件】

(1) PC 一台,操作系统为 Windows XP,内存 256 MB 以上,硬盘 10 GB 以上。

(2) Keil μVision2 集成开发环境的安装软件,并将该软件安装到 PC 上正常工作。

(3) 单片机应用系统开发板一个,开发板上配有进行单片机实验所必要的各种硬件资源,同时需要与 PC 相连的串口线和 USB 连接线各一条。

【实验内容】

1. 单缓冲 D/A 转换系统的设计

如图 17.6 所示,设计一个单片机控制 DAC0832 芯片进行单缓冲 D/A 转换的应用系统。已知,单片机的 P3.2 和 P3.6 管脚分别连接 DAC0832 芯片的 CS 和 WR1 管脚,DAC0832 的 I_{OUT1} 管脚通过跳线连接小灯 D12。具体要求如下:

(1) 使用 C51 语言设计程序,当系统上电后,单片机输出数字量经过 D/A 转换,得到的模拟电流信号会从 I_{OUT1} 管脚输出,来控制小灯每隔 1 s 点亮一次;

(2) 参考后面的图 17.7 中锯齿波和三角波的特点,重新设计 C51 程序,使小灯的亮度逐渐增强或减弱,从而来模拟锯齿波或三角波的波形趋势:当小灯最亮时达到锯齿波或三角波的波峰,当小灯熄灭时达到锯齿波或三角波的波谷,并且从波峰到波谷的过程中,小灯的亮度逐渐减弱,反之从波谷到波峰的过程中,小灯的亮度逐渐增强。

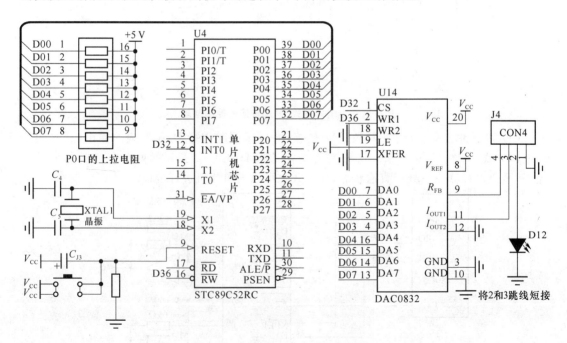

图 17.6 单片机控制 DAC0832 进行数模转换的电路图

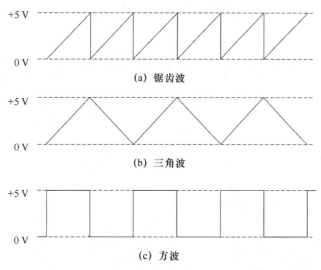

图 17.7 锯齿波、三角波以及方波的波形图

实验提示

单片机控制 DAC0832 芯片,进行单缓冲 D/A 转换的过程中,第(1)个要求实际是使用 DAC0832 来产生方波的波形,只要使高、低电平的时间各自保持 1 s,则小灯就会相应的点亮或者熄灭。当从 P0 口输入的数字量为 255 时,小灯最亮;而当 P0 口的值是 0 时,则小灯熄灭。因此,当输入 P0 口的值在 0~255 逐渐增加时,小灯的亮度逐渐增强;而当输入 P0 口的值在 255~0 逐渐减少时,小灯的亮度逐渐减弱。同时,要注意几个控制管脚的硬件连接。为了便于初学者学习,给出第(1)个要求的参考代码,具体如下:

```c
//------------------------T171.c 程序------------------------
//文件名称:T171.c
//程序功能:单片机使用 DAC0832 进行数模转换,使小灯每 1 s 亮灭一次。
//编制时间:2010 年 2 月
//------------------------------------------------------------

#include <AT89x52.h>              //包含头文件
#define uint unsigned int         //定义无符号整型为 uint
#define uchar unsigned char       //定义无符号字符型为 uchar
sbit WR1 = P3^6;                  //定义 0832 的 WR1 管脚
sbit CS = P3^2;                   //定义 0832 的 CS 管脚
sbit WEI = P2^7;                  //定义数码管的位选和段选
sbit DUAN = P2^6;

void delay( uint z )              //Zms 的延时
{   uint x,y;
    for(x = z;x>0;x--)
        for(y = 115;y>0;y--);
```

```c
}

void main( )
{
    CS = 0;                    //DAC0832 的片选信号有效
    WEI = 0;                   //去掉数码管的干扰
    DUAN = 0;
    while(1)
    {
        //下面是实现方波的控制方法
        P0 = 255;              //小灯亮,高电平
        WR1 = 0;               //使 WR1 有效
        delay(1000);           //延时 1 s
        P0 = 0;                //小灯灭,低电平
        delay(1000);           //延时 1 s
    }
}
//------------------------- T171.c 程序结束 --------------------
```

2. 双极性 D/A 转换系统的设计

如图 17.8 所示,使用数模转换器 DAC0832 芯片,设计一个单片机双极性数模转换系统。已知,图中 Y0 是经过地址译码后 DAC0832 的地址信号,具体地址值为 0x8000。另外,XWR 代表单片机的写管脚,AOUT 代表 D/A 转换后产生的电压输出端。具体要求如下:

(1) 设计 C51 程序,使 AOUT 端产生 -5~+5 V 变化的锯齿波形;

(2) 如果要产生 -12~+12 V 的锯齿波形,软、硬件又该如何设计。

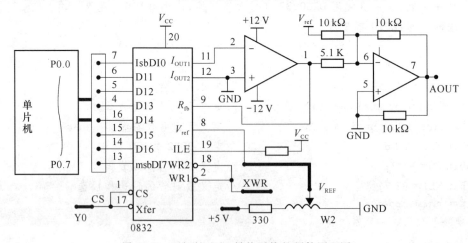

图 17.8 双极性 D/A 转换系统的硬件原理图

 **实验提示**

实验内容 1 是单缓冲 D/A 转换的单极应用系统设计,而此题是单缓冲 D/A 转换的双

极性应用系统设计。这时候,要特别注意硬件的连接,在图中需要将 I_{OUT2} 端连到运算放大器,否则就不是双极性的连接了。在一些实际应用中,经常会使用到双极性的连接方式,因此要注意硬件的设计。在 C51 软件程序设计方面,此题只要单片机循环输出数字量 0～255,即可得到 $-5V\sim+5V$ 的模拟电压,具体的编程方法同实验内容 1。

这里再简要介绍一下单、双极性 D/A 转换电路的各自特点。由于 DAC0832 芯片是电流型 D/A 转换器,因此可以直接将数字量转换为模拟量电流进行输出。但是,在一些实际应用系统的设计过程中,常常需要直接处理的是电压信号,因此可以将 DAC0832 芯片经过转换得到的模拟电流信号,连接运算放大器来产生电压信号。根据 DAC0832 芯片的 I_{OUT1} 和 I_{OUT2} 管脚连接运算放大器硬件电路的不同,将 DAC0832 芯片输出电压的硬件电路分为单极性 D/A 转换电路和双极性 D/A 转换电路。

如图 17.4 所示,是 DAC0832 芯片输出电压信号的单极性 D/A 转换电路;如图 17.8 所示,是 DAC0832 芯片输出电压信号的双极性 D/A 转换电路。这里需要注意,单极性 D/A 转换电路和双极性 D/A 转换电路,只与 DAC0832 芯片的输出管脚 I_{OUT1} 和 I_{OUT2} 的硬件连接方式有关,与该芯片上的其他控制信号无关。通常,对于单极性 D/A 转换电路而言,只需要在 I_{OUT1} 和 I_{OUT2} 管脚处连接一个运算放大器即可,并且 I_{OUT2} 管脚可以直接接地。经过电路运算公式的推导可知,在单极性 D/A 转换电路中,当 DAC0832 芯片的参考电压 V_{ref} 为 $+5V$ 时,输出的电压范围在 $-5\sim0V$;当 DAC0832 芯片的参考电压 V_{ref} 为 $-5V$ 时,输出的电压范围在 $0\sim+5V$;当 DAC0832 芯片的参考电压 V_{ref} 为 $+10V$ 时,输出的电压范围在 $-10\sim0V$;因此,可以看出在单极性 D/A 转换电路中,只要参考电压 V_{ref} 的正或负值确定后,得到的电压是一个与参考电压 V_{ref} 极性相反的负或正值的电压,所以称为单极性。对于双极性 D/A 转换电路而言,需要在 I_{OUT1} 和 I_{OUT2} 管脚处连接两个运算放大器。经过电路运算公式的推导可知,在双极性 D/A 转换电路中,当 DAC0832 芯片的参考电压 V_{ref} 为 $+5V$ 时,输出的电压范围在 $-5\sim+5V$;当 DAC0832 芯片的参考电压 V_{ref} 为 $-5V$ 时,输出的电压范围在 $-5\sim+5V$;当 DAC0832 芯片的参考电压 V_{ref} 为 $+10V$ 时,输出的电压范围在 $-10\sim+10V$;因此,可以看出在双极性 D/A 转换电路中,不论参考电压 V_{ref} 是正值还是负值,得到的电压既可能是一个正值,也可能是一个负值,所以称为双极性。

3. 选做题

(1) 如图 17.6 所示,请在面包板上独立设计一个单片机的 D/A 转换应用系统,题目的要求同实验内容 1。

(2) 如图 17.5 所示,设计一个双缓冲 D/A 转换应用系统,要求该系统能同步完成两路数字量到模拟量的转换,并将输出端 V_0 和 V_1 产生的电压,分别控制蜂鸣器和报警灯的工作,请设计 C51 软件程序。

【实验报告】

(1) 总结单片机控制 D/A 转换器进行数模转换的软、硬件设计方法;
(2) 写出所做实验程序的源代码,给每行语句加上详细的注释,并画出程序流程图;
(3) 叙述程序调试过程中遇到的问题和解决方法,写出本次实验的收获和心得体会。

实验 18 IC 卡实验

【实验目的】

(1) 了解 IC 卡的工作原理和 I^2C 总线协议；
(2) 了解 AT24C01/AT24C02 芯片的使用方法；
(3) 掌握单片机控制 AT24C01/AT24C02 芯片，实现 IC 卡记忆功能的软、硬件设计方法。

【预习与思考】

(1) 预习本次实验原理以及配套理论教材中"IC 卡设计"的相关内容。
(2) 什么是 IC 卡？它有什么用途？
(3) 什么是 I^2C 总线；它有何特点？
(4) AT24C01/AT24C02 芯片有什么作用？它们如何与单片机连接？
(5) 如何编程实现将数据写入 IC 卡？如何从 IC 卡中读出数据？

【实验原理】

1. IC 卡的基础知识

随着电子技术的进步，各种智能 IC 卡不断出现，这使人们的生活方便了很多。例如公交车 IC 卡、食堂吃饭用的饭卡、上班刷的工卡等等。那么什么是 IC 卡呢？IC 卡是一种新型的人机接口设备，是 I^2C 存储卡的简称。IC 卡采用了 I^2C 总线技术进行设计。因此，想理解 IC 卡的工作原理，首先要熟悉 I^2C 总线技术，下面将具体介绍。

I^2C 总线是 Inter Integrated Circuit Bus 的缩写，含义是内部集成电路总线。I^2C 总线技术最早是由 Philips 公司推出一种二线制的总线技术。I^2C 总线包括一条数据线 SDA 和一条时钟线 SCL。I^2C 总线协议允许总线接入多个器件，并支持多主机工作。I^2C 总线上的器件既可以作为主控制器，也可以作为被控制对象，既可以发送数据也可以接收数据，并且能够按照一定的通信协议进行器件间的数据交换。在每次数据交换开始的时候，主控制器需要通过总线竞争获得主控制权，并启动一次数据交换，与 I^2C 总线上的被控对象进行通信。通常，在 I^2C 总线系统中，各器件都具有唯一的地址，它们之间通过寻址来确定数据的接收方。

一个典型的 I^2C 总线标准的器件，其内部包括 I^2C 总线接口电路、内部功能单元模块以及两根信号线组成。单片机的 CPU 可以通过指令对 I^2C 器件内部的各功能模块进行控制。CPU 发出的控制信号分为地址码和数据控制量两部分，地址码用来选址即找到需要控制的

I^2C 总线器件,而数据控制量是用于调整控制该类器件的具体数据大小。

I^2C 总线器件分为主器件和从器件。主器件的功能是启动在 I^2C 总线上进行数据的传输,并产生时钟脉冲,从而允许与被寻址器件进行通信。被寻址器件,也称为从器件。通常任何器件都可以是从器件,但主器件只能是微控制器,主从器件一般是对偶出现的。I^2C 总线允许连接多个微控制器,但不能同时出现两个主控制器,哪个微控制器先控制 I^2C 总线,那么它就是主器件,这也是总线竞争的含义。在多个器件竞争总线的过程中,数据不会被破坏和丢失,并且数据只能在主、从器件间相互传送,当两者通信结束后,要释放各自的总线,退出主、从器件的角色。

传统单片机的串行接口的发送和接收一般是用两条线来完成的,例如发送用 TXD 线,而接收使用 RXD 线来完成。但是在 I^2C 总线中,器件只使用了一根线 SDA 来完成发送或接收数据,这里 I^2C 总线器件主要是通过软件编程的方法使其处于发送或接收状态。当某个器件向 I^2C 总线上发送数据时,它就是发送器件(也称为主器件),而当此器件从总线上接收数据时,它又称为了接收器件(也叫做从器件)。通常,I^2C 总线空闲时,SDA 和 SCL 两根信号线都是高电平。当总线有数据传输时,标准模式下传输速率为 100 kbit/s,快速模式时可达 400 kbit/s,而在高速模式下可以达到 3.4 Mbit/s,因此数据传输速率较高。

在 I^2C 总线上进行高速数据传输的过程中,时钟信号也会同步在 SCL 线上进行传输,并且通过不同的时序信号来控制 I^2C 总线器件的不同动作。通常,在 I^2C 总线上传输数据时,时钟同步信号是由挂在 SCL 时钟线上所有器件的逻辑与完成的。因此,SCL 时钟线上的电平由高到低变换将影响到 I^2C 总线上的所以器件,通常只要有一个器件的时钟信号变为低电平,则 SCL 线上所有的器件均变为低电平。当所有器件的时钟信号都变为高电平时,低电平的周期才结束,此时 SCL 总线被释放,返回高电平,即所有 I^2C 总线器件开始进入它们的高电平周期。其后,第一个结束高电平周期的器件又将 SCL 总线拉成低电平。这样就在 I^2C 总线上形成了由高低电平周期组成的同步时钟。

2. I^2C 总线的传输协议

通过上面的介绍,大家已经知道了有关 I^2C 总线的基本知识,并且知道如果想把 I^2C 总线上的数据在主、从器件间进行传输,必须使 SCL 线上出现合适的时钟电平信号。具体如何将时钟信号和传输的数据进行合理的搭配呢?为了解决这个问题,下面介绍 I^2C 总线的传输协议。

(1) 起始和停止条件:在 I^2C 总线数据的传送过程中,需要确认数据传送的开始和结束。在 I^2C 总线协议中,开始和结束信号的时序图如图 18.1 所示。

① 开始信号:当时钟总线 SCL 为高电平时,数据总线 SDA 从高电平向低电平跳变时,开始传送数据。

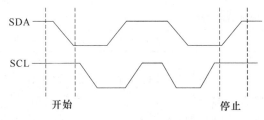

图 18.1 I^2C 总线开始和结束信号时序图

② 结束信号:当时钟总线 SCL 为高电平时,数据总线 SDA 从低电平向高电平跳变时,结束数据传输。

在这里开始和结束信号都是由主器件产生的。在开始信号以后,总线即被认为处于忙状态,此时 I²C 总线上的其他器件不能再产生开始信号。当前总线上的主器件直到结束信号以后,才退出主器件角色,再经过一段时间,I²C 总线被认为处于空闲状态。

(2) 数据格式:I²C 总线上数据的传送采用时钟脉冲逐位串行传送的方式,在 SCL 的低电平期间,SDA 总线上高低电平能够变化,而在高电平期间,SDA 上的数据需要保持稳定,以便从器件对数据进行采样接收,具体数据格式的时序如图 18.2 所示。

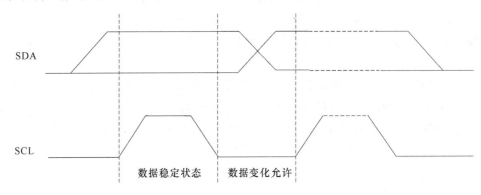

图 18.2　I²C 总线数据传输时序状态图

I²C 总线主器件发送到 SDA 线上的数据必须是 8 位长,传输时高位在前,低位在后。与此同时,主器件在 SCL 线上产生 8 个时钟脉冲,并在第 9 个时钟脉冲的低电平期间,主器件释放 SDA 线使其为高电平。然后,从器件把 SDA 线拉低,给出一个接收数据的确认位。接着在第 9 个脉冲的高电平期间,主器件收到从器件发到总线上的确认位,随后开始了下一个字节的传输,下一个字节的第 1 个时钟脉冲的低电平期间,从器件释放 SDA 线,使其成为高电平。每个字节的传输都需要 9 个脉冲,而每次传输字节的总数不受限制。

I²C 总线上的数据传输在开始信号后,主器件发出的第一个字节数据是用来选择从器件地址的,其中前 7 位为地址码,第 8 位为方向位(R/W)。方向位为 0 时,W 有效,表示主器件要通过 I²C 总线向所选择的从器件写数据;若方向位为 1,则 R 有效,表示主器件要向从器件读数据。具体地址信息帧的格式如表 18-1 所示。其中,前 4 位固定为 1010。当开始信号后,I²C 总线上的各个从器件将自己的地址与主器件送到 I²C 总线上的地址进行比较,若与主器件发送的地址相同,则该器件就是被主器件寻址选中的从器件,此从器件究竟是接收还是发送数据由第 8 位来决定。

表 18-1　I²C 总线地址信息帧格式表

1	0	1	0	A2	A1	A0	R/W

(3) 响应:在 I²C 总线上进行数据传输时,如果从器件接收到数据后,需要给主器件发送 1 个响应位。响应位的时钟脉冲由主器件产生。当主器件发送完一字节的数据后,接着主器件在 SCL 线上发出一个时钟响应位(ACK)。此时钟内主器件释放 SDA 线,一字节传送结束,而从器件的响应信号将 SDA 线拉成低电平,使 SDA 在该时钟的高电平期间为稳定的低电平。从器件的响应信号结束后,SDA 线返回高电平,进入下一个传送周期。通常,被寻址的从器件在接收到每个字节后必须产生一个响应。当从器件不能响应主器件发送的地址时,从器件必须使数据线 SDA 保持高电平,然后主器件产生一个停止条件,终止传输

或者重复起始条件开始新的传输。如果从器件响应了主器件发送的地址,但在传输了一段时间后没有产生响应位。从器件使数据线 SDA 保持高电平,此时主器件产生一个停止或重复起始条件。I²C 总线主、从器件完整的数据传送过程如图 18.3 所示。

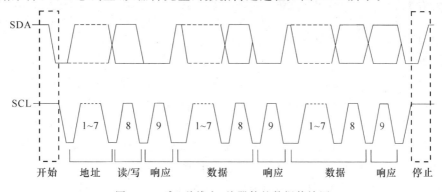

图 18.3　I²C 总线主、从器件的数据传输图

I²C 总线还总具有广播呼叫地址用于寻址总线上所有器件的功能。若一个器件不需要广播呼叫寻址中所提供的任何数据,则可以忽略该地址不作响应。如果该器件需要广播呼叫寻址中按需提供的数据,则应对地址作出响应,其表现为一个从器件。至此,已经完整的将 I²C 总线主、从器件的基本原理介绍完毕。下面以目前在单片机系统中常用的带有 I²C 总线接口的 EEPROM 芯片 AT24C01/ AT24C02 为例,介绍 I²C 器件的基本应用。

3. AT24C01/AT24C02 芯片简介

AT24C01/AT24C02 是美国 ATMEL 公司的低功耗 CMOS 串行 EEPROM,它内含 128×8/256×8 位存储空间,具有工作电压宽(2.5～5.5 V)、擦写次数多(大于 10 000 次)、写入速度快(小于 10 ms)等特点。AT24C01 中带有片内寻址寄存器。每写入或读出一个数据字节后,该地址寄存器自动加 1,以实现对下一个存储单元的操作,所有字节都以单一操作方式读取。为降低总的写入时间,一次操作可写入多达 8 字节的数据。图 18.4 为 AT24C01 芯片的管脚图 (AT24C02 与 AT24C01 管脚相同),各管脚功能如下。

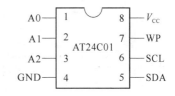

图 18.4　AT24C01 芯片的管脚图

(1) SCL:串行时钟管脚。在该管脚的上升沿时,系统将数据输入到每个 I²C 总线器件中,在下降沿时将数据输出。

(2) SDA:串行数据管脚。该管脚可以双向传送数据。

(3) A0,A1,A2:I²C 总线器件地址管脚。这 3 个管脚是 I²C 总线器件地址输入端,具体地址输入的格式如表 8-8 所示。

(4) WP:硬件写保护管脚。当该管脚为高电平时禁止写入,为低电平时可正常读写数据。

(5) V_{CC}:电源管脚。一般输入＋5 V 直流电压;GND:接地管脚。

【实验设备和器件】

(1) PC 一台,操作系统为 Windows XP,内存 256 MB 以上,硬盘 10 GB 以上。

(2) Keil μVision2 集成开发环境的安装软件,并将该软件安装到 PC 上正常工作。

(3)单片机应用系统开发板一个,开发板上配有进行单片机实验所必要的各种硬件资源,同时需要与PC相连的串口线和USB连接线各一条。

【实验内容】

1. 基于AT24C02的数码管显示记忆系统

如图18.5所示,设计一个基于AT24C02芯片的单片机数码管显示记忆系统。已知,数码管和两个74HC573芯片进行连接,P2.6和P2.7管脚分别控制这两个573芯片;P2.0和P2.1管脚连接AT24C02芯片的SCL和SDA管脚,请设计C51程序并调试。具体要求如下:

(1)使用C51语言设计程序,当系统上电后,数码管从000~255每隔1 s依次显示计数,当计数到255后,则从000重新显示计数,并且在系统断电后再次上电时,数码管依旧按断电前的数字继续进行计数,不会丢失数据,数字显示在X6~X8数码管上;

(2)在上面(1)程序的基础上,设计0000~1 000的数码管显示记忆系统。

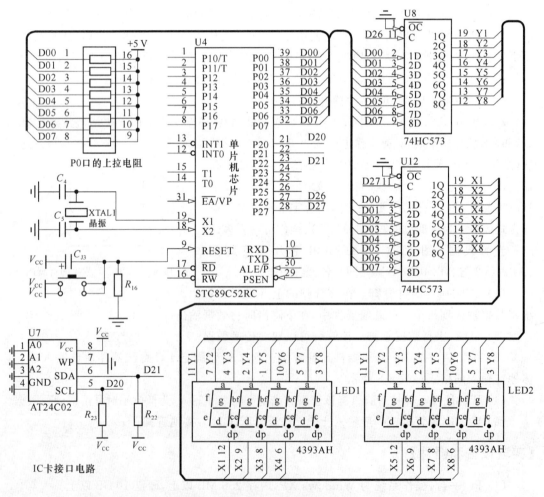

图18.5 单片机控制AT24C02芯片进行数码管显示记忆的电路图

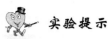 **实验提示**

在单片机控制 AT24C02 芯片,进行数码管显示记忆的过程中,关键是要控制好 AT24C02 芯片向指定地址进行数据的读和写操作,只有这样在掉电后再次显示时,才能具有记忆功能。另外,每隔 1 s 显示 1 个数,可以使用定时器 T0 工作于方式 1,系统晶振是 11.059 2 MHz;有关数码管的显示原理,可以参考前面的实验 8。为了便于初学者学习,给出第(1)个要求的参考代码,具体如下:

```
//----------------------T181.c 程序----------------------
//文件名称:T181.c
//程序功能:单片机控制 AT24C02 芯片,使数码管具有记忆显示功能。
//编制时间:2010 年 2 月
//-----------------------------------------------------

#include <AT89x52.h>              //包含头文件
#define unint unsigned int        //定义数据类型
#define uchar unsigned char

sbit WEI = P2^7;                  //定义数码管的位选端
sbit DUAN = P2^6;                 //定义数码管的段选端
sbit SCL = P2^1;                  //定义 SCL
sbit SDA = P2^0;                  //定义 SDA
unint dat2;                       //定义全局变量,显示记录信息
uchar Temp[ ] = {0x3f,0x06,0x5b,0x4f,0x66,0x6d,0x7d,0x07,0x7f,0x6f};
                                  //共阴极字段显示码
void delay( ){ ; ; }              //短延时声明

void init( )                      //初始化 24C02
{
    SDA = 1;
    SCL = 1;
    delay( );
}

void start( )                     //开始信号
{
    SDA = 1;
    delay( );
```

```
        SCL = 1;
        delay( );
        SDA = 0;
        delay( );
    }


    void stop( )                          //停止信号
    {
        SDA = 0;
        delay( );
        SCL = 1;
        delay( );
        SDA = 1;
        delay( );
    }


    void ack( )                           //应答信号
    {
        uchar i;
        SCL = 1;
        delay( );
        while((SDA == 1)&&(i<255)) i ++ ;
        SCL = 0;
        delay ( );
    }


    void write_byte(uchar dat)            //写一个字节
    {
        uchar i,temp;
        temp = dat;
        for(i = 0;i<8;i ++ )
        {
            SCL = 0;
            delay( );
            temp<< = 1;
            SDA = CY;
```

```c
            delay( );
            SCL = 1;
            delay( );
        }
        SCL = 0;
        delay( );
        SDA = 1;
        delay( );
}

uchar read_byte( )                  //读一个字节
{
        unint i,j;
        SCL = 0;
        delay( );
        SDA = 1;
        delay( );
        for(i = 0;i<8;i++)          /*循环8次读出一个字节数据*/
        {
            SCL = 1;
            delay( );
            j = (j<<1)|SDA;
            SCL = 0;
            delay( );
        }
        return j;
}

void write_addr(uchar address,uchar dat1)
{       //往指定地址写数据
        start( );                   /*初始信号*/
        write_byte(0xa0);           /*写入芯片地址0XA0*/
        ack( );                     /*应答信号*/
        write_byte(address);        /*写入芯片内部寄存器地址ADDRESS*/
        ack( );                     /*应答信号*/
        write_byte(dat1);           /*写入数据*/
        ack( );                     /*应答信号*/
```

```c
        stop( );                          /*停止信号*/
}

uchar read_addr(uchar address)
{   //从指定地址读数据
        uchar dat3;
        start( );                         /*初始信号*/
        write_byte(0xa0);                 /*写入芯片地址 0XA0*/
        ack( );                           /*应答信号*/
        write_byte(address);              /*写入芯片内部寄存器地址 ADDRESS*/
        ack( );                           /*应答信号*/
        start( );                         /*初始信号*/
        write_byte(0xa1);                 /*写入芯片地址 0XA1(读)*/
        ack( );                           /*初始信号*/
        dat3 = read_byte( );              /*读出数据*/
        stop( );                          /*停止信号*/
        return dat3;                      /*返回读出值*/
}

void init_T0( )                           //初始设置定时器 T0
{
        TMOD = 0x01;                      //定时器 T0 工作在方式 1
        TCON = 0x10;                      //启动 T0
        TH0 = (65536 - 461)/256;          //FEH,11.059 2 MHz,0.5 ms
        TL0 = (65536 - 461) % 256;        //33H,
        IE = 0x82;                        //T0 的中断允许
}

void wei_lock(uchar wei)                  //数码管位控制
{
    WEI = 1;
    P0 = wei;
    WEI = 0;
}

void duan_lock(uchar duan)                //数码管段控制
{
```

```
    DUAN = 1;
    P0 = Temp[duan];
    DUAN = 0;
}

void display(uchar date)                    //数码管显示
{
    unint i;
    uchar ge,shi,bai;
    ge = date % 100 % 10;
    shi = date % 100/10;
    bai = date/100;
    duan_lock(ge);
    wei_lock(0x7f);
    for(i = 0;i<300;i++);
    duan_lock(shi);
    wei_lock(0xbf);
    for(i = 0;i<300;i++);
    duan_lock(bai);
    wei_lock(0xdf);
    for(i = 0;i<300;i++);
    wei_lock(0xff);
}

void timer0( ) interrupt 1                  //T0 的中断服务函数
{
    unint i;
    if(i++ >= 2000)                         //1s 时间到
    {
        i = 0;
        if(dat2++ >= 255) dat2 = 0;         //调整显示数字
    }
    TH0 = (65536 - 461)/256;                //重新给 T0 赋初值
    TL0 = (65536 - 461) % 256;
}

void main( )
```

```
    {
        init_T0( );                          /* T0 初始化 */
        dat2 = read_addr(0);                 /* 读 24C02 存储器数据 */
        while(1)
        {
            init( );                         /* 存储器初始化 */
            write_addr(0,dat2);              /* 指定地址写数据 */
            display(dat2);                   /* 读出数据并显示 */
        }
    }
//------------------------- T181.c 程序结束 ---------------------
```

2. 基于 AT24C01 的单片机 IC 卡读写系统设计

如图 18.6 所示,设计一个基于 AT24C01 芯片的单片机 IC 卡数据读写系统。已知,8051 单片机的 P3.0 和 P3.1 管脚,分别连接 AT24C01 芯片的时钟管脚 SCL 和数据管脚 SDA,并且在读写 AT24C01 芯片数据的过程中,使用单片机的 P1.0～P1.2 管脚控制 3 个发光二极管,从而使 IC 卡的读写数据过程更直观。图中的时钟电路、复位电路省略,请设计 C51 程序。具体要求如下:

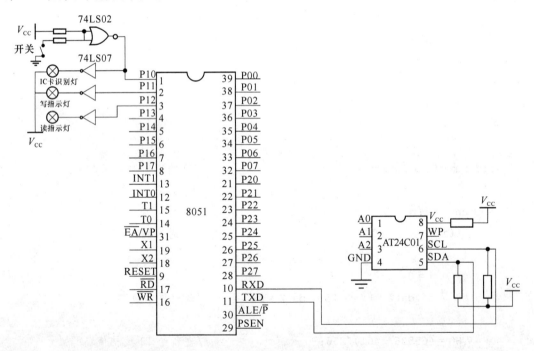

图 18.6 基于 AT24C01 芯片的 IC 卡读写系统硬件原理图

(1) 使用 C51 语言设计程序,当系统上电并把 IC 卡正确插入后,把 00H～7EH 写入 IC 卡中,然后将这些数据读到系统内存 5 000H～507EH 单元中;

(2) 在面包板上实现上述硬件功能,同时再连接 6 个数码管,若 IC 卡数据读写正确,则

6个数码管上显示"ICGOOD"提示,并能在内存 5 000H~507EH 单元中看到相应的数据,否则系统显示"IC-ERR"的错误提示。

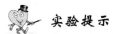 **实验提示**

此题的实现原理类同实验内容 1,关键点都在于如何使用单片机的两个管脚,模拟 I^2C 总线的 SCL 和 SDA 功能,从而实现 AT24C01 芯片的存储记忆功能。另外,在使用面包板搭建硬件电路时,要注意管脚的正确连接以及电路的可靠性。由于此程序具有一定的难度和复杂性,为了便于初学者学习,给出参考代码,具体如下:

```c
//----------------------- T182.c 程序 -----------------------
//文件名称:T182.c
//程序功能:单片机控制 AT24C01 芯片,对 IC 卡数据进行正确的读写操作。
//编制时间:2010 年 2 月
//-----------------------------------------------------------

#include <reg51.h>
#include <absacc.h>
#include <intrins.h>
#define OP_READ 0xa1      //IIC 器件地址 00H 以及单片机读取 IC 卡 EEPROM 的操作
#define OP_WRITE 0xa0     // IIC 器件地址 00H 及向 IC 卡 EEPROM 单元中的写操作
#define addrx 0x4000      // 定义把从 IC 卡数据,读到单片机中的开始地址
sbit SDA = P3^1;          //IC 卡 SDA 线与单片机连接管脚
sbit SCL = P3^0;
sbit INL = P1^0;          //IC 卡正确插入指示灯
sbit WRL = P1^1;          //向 IC 卡写数据指示灯
sbit RDL = P1^2;          //从 IC 卡读数据指示灯
unsigned char R5;
unsigned char code tab[] = {0xc0,0xf9,0xa4,0xb0,0x99,0x92,0x82,0xf8,
                            0x80,0x90,0x88,0x83,0x0C6,0x0A1,0x86,0x8E,
                            0x0FF,0x0C,0x0DE,0x0F3,0x8F};
void delayms(unsigned char ms)        //毫秒级延时子程序,系统时钟频率 6 MHz
{
    unsigned char i;
    while(ms--)
    {
        for(i=60;i>0;i--);
    }
}
```

```c
void delayus(unsigned char us)        //微秒级延时子程序,系统时钟频率 6 MHz
{
  unsigned char n;
  for(n = us;n>0;n--);
}

void disp2( )                         //显示子程序 2
{
  unsigned char R0,R2,R3;
  unsigned char e;
  R0 = 0x7E;
  R2 = 0x20;
  for(R3 = 6;R3> = 1;R3--)
  {e = DBYTE[R0];
   XBYTE[0xff22] = tab[e];            //给 8155 芯片发字型码
   _nop_ ();
   _nop_ ();
   XBYTE[0xff21] = R2;                //给 8155 芯片发显示字位码,从最左侧向右依次显示
   R0 = R0 - 1;
   delayms(1);                        //about 1 ms
   R2>> = 1;
  }
  XBYTE[0xff22] = 0x0ff;              //熄灭所有数码管
  _nop_ ();
  _nop_ ();
}

void disp( )                          //显示 ICgood 的子程序
{
  DBYTE[0x7E] = 0x01;                 //display ICgooD
  DBYTE[0x7D] = 0x0C;
  DBYTE[0x7C] = 0x09;
  DBYTE[0x7B] = 0x00;
  DBYTE[0x7A] = 0x00;
  DBYTE[0x79] = 0x0D;
  disp2();
}
```

```c
void disp1()                          //显示 IC-ERR 的子程序
{
    DBYTE[0x7E] = 0x01;               //display IC-ERR
    DBYTE[0x7D] = 0x0C;
    DBYTE[0x7C] = 0x10;
    DBYTE[0x7B] = 0x0E;
    DBYTE[0x7A] = 0x14;
    DBYTE[0x79] = 0x14;
    disp2();
}

void DispERR()                        //显示出错的子函数
{
    while(1)
    {disp1();}
}

void start( )                         // 开始位
{
    SDA = 1;
    delayus(12);//212us
    SCL = 1;
    delayus(12);//212us
    SDA = 0;
    delayus(12);//212us
    SCL = 0;
    delayus(12);//212us
}

void stop( )                          // 停止位
{
    SCL = 0;
    delayus(12);//212us
    SDA = 0;
    delayus(12);//212us
    SCL = 1;
```

```c
        delayus(12);//212us
        SDA = 1;
        delayus(12);//212us
}

unsigned char shin()                    // 从 AT24Cxx 移入数据到 MCU
{
    unsigned char n,read_data2;
    for(n = 0; n<8; n++)
    {
        SCL = 0;
        _nop_();
        _nop_();
        SCL = 1;
        delayus(12);//212us
        read_data2 <<= 1;
        read_data2|= (unsigned char)SDA;
        _nop_();
        _nop_();
        SCL = 0;
        delayus(12);//212us
    }
    return(read_data2);
}

bit shout(unsigned char write_data)     // 从 MCU 移出数据到 AT24Cxx
{
    unsigned char m;
    bit ack_bit;
    for(m = 0; m<8; m++)                // 循环移入 8 个位
    {
        SCL = 0;
        _nop_();
        _nop_();
        SDA = (bit)(write_data & 0x80);
        delayus(12);//212us
        SCL = 1;
```

```
            delayus(12);//212us
            write_data <<= 1;
    }
    SCL = 0;                              // 读取应答
    delayus(12);//212us
    SCL = 1;
    delayus(12);//212us
    ack_bit = SDA;
    _nop_();
    _nop_();
    return ack_bit;                       // 返回 AT24Cxx 应答位
}


void write_byte(unsigned char addr, unsigned char write_data)
                                          //在指定地址 addr 处写入数据
{
    bit ack1,ack2,ack3;
    stop( );
    delayus(12);//212us
     start( );
     delayus(12);//212us
     ack1 = shout(OP_WRITE);              //向 IC 卡写入器件地址以及读写方式字 A0H
    if(ack1 == 1) //
      {
         DispERR();
      }
     ack2 = shout(addr);                  //向 IC 卡写入 IC 卡内 EEPROM 的首地址 00H
    if(ack2 == 1)
      {
         DispERR();
      }
    delayus(12);//212us
    SCL = 0;
     delayus(12);//212us
     R5 = 0;
     if(R5 == 0)
    { ack3 = shout(write_data); }
```

```c
    if(ack3 == 1)
    {
      DispERR();
    }
    stop();
    delayus(12);//212us
    delayus(12);//212us ,写入周期
    R5 = 0;
}

unsigned char read_byte(unsigned char addr)    // 从 IC 卡指定地址 addr 处读数据
{   bit ack1,ack2,ack3;
    unsigned char read_data1;
    stop();
    delayus(12);//212us
    start();
    delayus(12);//212us
    ack1 = shout(OP_WRITE);            //向 IC 卡写入器件地址以及读写方式字 A0H
    if(ack1 == 1) //
    {
      DispERR();
    }
    ack2 = shout(addr);                //向 IC 卡写入 IC 卡内 EEPROM 的首地址 00H
    if(ack2 == 1)
      {
        DispERR();
      }
    delayus(12);//212us
    SCL = 0;
    delayus(12);//212us
    R5 = 0;
    if(R5 == 0)
    { start();
       ack3 = shout(OP_READ);
    }
    if(ack3 == 1)
    {
```

```c
        stop();
        DispERR();
    }
    read_data1 = shin();
    SCL = 1;
    delayus(12);//212us
    SCL = 0;
    delayus(12);//212us
    stop();
    R5 = 0;
    return(read_data1);
}


void main( )                          //主程序
{
    unsigned char j,f,g;              //循环变量
    unsigned char a, b,c,d;//as R0 and R1,or beifen
    unsigned char read_data;
    if(INL == 1)    //P1.0, card insert is not correct
      {
         for(j = 60;j >= 0;j--)
         {
           if(INL == 0) {break;}
             else { j = j + 1;}
         }
      }
    delayms(11);//delay about 10ms

    if(INL == 1)    //the second check
    {
       for(j = 60;j >= 0;j--)
       {
         if(INL == 0) {break;}
           else { j = j + 1;}
       }
    }
    delayms(11);//delay about 10ms
```

```
        a = 0;        //as R0 = 0
        b = 0x55;     //as R1 = 55h
        c = a;
        d = b;
    for(f = 0;f<= 0x7f;f++)
    {
        WRL = 0;                    //写 IC 卡指示灯亮
        delayus(12);//212us
        write_byte(a,b);
        a = a + 1;
        b = b + 1;
    }
        WRL = 1;          //写 IC 卡指示灯熄灭,代表向 IC 卡写数据结束
        _nop_();
        _nop_();
    for(g = 0;g<= 0x7f;g++)
    {
        RDL = 0;          //从 IC 卡 EEPROM 中读出数据的指示灯亮,代表开始读数据
        delayus(12);//212us
     read_data = read_byte(c);
        XBYTE[addrx + g] = read_data;
         c = c + 1;
    }
        RDL = 1;          //读 IC 卡指示灯熄灭,代表从 IC 卡读数据并写入外存单元结束
        _nop_();
        _nop_();
        while(1)
        { disp(); }
}
//---------------------T182.c 程序结束---------------------
```

【实验报告】

(1) 总结单片机控制 IC 卡进行数据存储的软、硬件设计方法;
(2) 写出所做实验程序的源代码,给每行语句加上详细的注释,并画出程序流程图;
(3) 叙述程序调试过程中遇到的问题和解决方法,写出本次实验的收获和心得体会。

实验 19　单片机播音实验

【实验目的】

(1) 了解语音录/放芯片 ISD1420 的基本工作原理和使用方法；
(2) 掌握基于 ISD 1420 芯片的单片机语音录/放应用系统的软、硬件设计；
(3) 掌握通过单片机播放音乐的软件设计与控制方法。

【预习与思考】

(1) 预习本次实验原理以及配套理论教材中"语音录/放系统"的相关内容。
(2) ISD1420 芯片有什么用途？它与单片机如何连接？
(3) 单片机如何播放音乐？不同音符的声音如何通过单片机控制蜂鸣器发出？

【实验原理】

1. ISD1420 语音芯片介绍

随着科学技术的进步，越来越多的智能设备出现在人们的日常生活中，这些技术在很大程度上方便了人们的各种活动，语音技术的发展便是其中典型的代表。虽然计算机处理数据的运算能力很强，但是它与人们的交流就不那么容易了，它只能通过键盘输入信息，然后通过显示器或打印机把处理的结果再进行输出。如果计算机能够学会"说话"或者"听话"的功能，那么人们与它的交流就容易多了，就好像朋友间在聊天。当计算机能够听懂人们的语言时，人们就可以用语音控制计算机来完成各种工作了。若要实现计算机能够"说话"或者"听话"的功能，主要解决三个问题即语音输入（也称为语音识别）、语音存储以及语音输出（也称为语音合成）。其中语音识别技术和语音合成技术更为关键。本次实验，将主要介绍基于 ISD 1420 语音芯片的单片机语音录放系统的软、硬件设计。

在单片机的语音录放系统中，实现语音录放功能的关键是使用了 ISD 1420 系列的芯片。ISD 的含义是信息存储器件，该系列的语音芯片是单片、短周期、高质量的语音录放电路，它采用了 ISD 的专利技术，使用 CMOS 工艺。ISD 语音 1420 芯片具有 28 个管脚，具体管脚如图 19.1 所示。ISD 1420 语音芯片内部主要包括片上时钟、麦克前置放大器、自动增益控制、带通滤波器、平滑滤波器以及功率放大器等

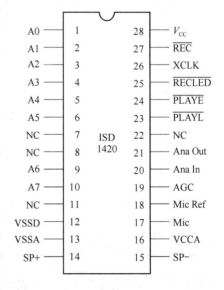

图 19.1　ISD 1420 语音芯片的管脚图

部分,具体内部结构如图 19.2 所示。

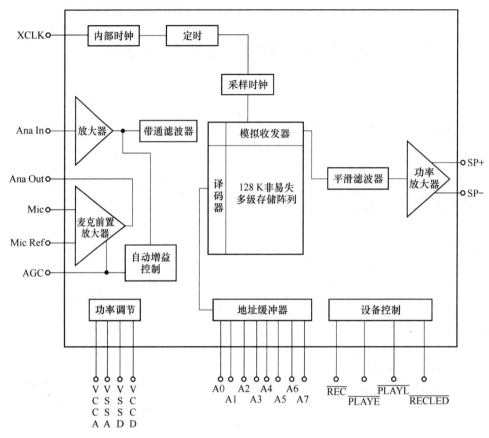

图 19.2　ISD 1420 语音芯片的内部结构图

ISD 1420 芯片各管脚的含义,如表 19-1 所示。

表 19-1　ISD 1420 语音芯片各管脚含义表

名称	管脚	功能	名称	管脚	功能
A0～A5	1～6	地址	Ana Out	21	模拟输出
A6、A7	9、10	地址	Ana In	20	模拟输入
VCCD	28	数字电源	AGC	19	自动增益控制
VCCA	16	模拟电源	Mic	17	麦克风输入
VSSD	12	数字地	Mic Ref	18	麦克风参考输入
VSSA	13	模拟地	PLAYE	24	放音、边沿触发
SP+、−	14,15	喇叭输出	REC	27	录音
XCLK	26	外接定时器	RECLED	25	发光二极管接口
NC	11	空管脚	PLAYL	23	放音、电平触发

由 ISD 1420 系列语音芯片组成的最小应用系统只包含一个麦克、一个喇叭、一些电阻、

电容器件、两个开关以及电源部分。ISD 1420 录制的语音信息存放在片内非易失存储单元中,断电后可以长久保存。它使用 ISD 的专利模拟存储技术,语音和音频信号不经过转换,直接以原来的状态存储到内部存储器中,可以实现高质量的语音复制,因此抗干扰能力较强。ISD 1420 语音芯片具有以下特性。

(1) 使用简单的单片录放音电路。

(2) 高保真语音/音频处理。ISD 1420 语音芯片提供 6.4 kHz 采样频率,采样的语音直接存储到片内的非易失存储器中,不需要数字化和压缩等其他手段。直接模拟存储能提供真实自然的语音、音乐、声音,不像其他的固态数字录音质量要受到影响。

(3) 开关接口、放音可以是脉冲触发,或电平触发。ISD 1420 语音芯片由一个单录音信号 REC 实现录音操作,PLAYE(触发放音)和 PLAYL(电平放音)两个放音信号,使用其中的任意一个便可实现放音操作。ISD 1420 语音芯片可以配置成单一信息的应用。如果使用地址线也可以用于复杂信息的处理。

(4) 自动功率节约模式。在录音或放音操作结束后,ISD 1420 语音芯片将自动进入低功率等待模式,消耗 0.5 μA 电流。在放音操作中,当信息结束时器件自动进入掉电模式;在录音操作中,REC 信号释放变为高电平时器件进入掉电模式。

(5) 录放周期为 20 s,处理复杂信息可以使用地址操作。ISD 1420 语音芯片内部存储阵列有 160 个可寻址的段,提供全地址的寻址功能。

(6) ISD 的 ChipCorder 技术使用片上非易失存储器,断电后信息可以持续保存 100 年。器件可以反复录放 10 万次。

(7) 采用片上时钟。工作电压为 5 V,静态电流为 0.5~2 μA,工作电流为 15~30 mA。

2. ISD 1420 语音芯片的使用方法

ISD 1420 语音芯片,主要有两类使用方法即通用手动操作方法和复杂微处理器控制操作方法,以下将具体介绍。

(1) 通用手动操作方法

当开始录音时,RECLED 脚变为低电平,可以下拉电流驱动一个 LED 显示,由于 ISD 1420 语音芯片内部已经设计此 LED 的限流电阻,因此用户可以在 ISD 1420 语音芯片的 7 脚和 11 脚之间直接连接一个 LED。接通电源后,电路自动进入节电准备状态。具体录放音步骤如下:

录音:按住录音按键(REC 保持低电平),电路进入录音状态(录音指示 LED 亮,即管脚 11 输出低电平);当 REC 变高或录音存储器录满时,电路退出录音状态,进入准备状态。注意:REC 的优先级大于 PLAYE 和 PLAYL。

放音:放音有两种方式,即触发放音和电平放音。

① 触发放音:轻按 PLAYE 按键,再放开,给 PLAYE 脚一个低电平脉冲,电路进入放音状态,直到放音结束。

② 电平放音:按住 PLAYL 按键(PLAYL 脚保持低电平),电路进入放音状态,直到 PLAYL 变高或放音结束,电路重新进入准备状态。

(2) 复杂微处理器控制操作方法:根据 A7、A6 的电平不同,电路可以进入两种不同的工作模式:地址模式和操作模式。如果 A7、A6 至少有一位为低电平,则电路认为 A0~A7 全部为地址位,A0~A7 的数值将作为本次录音或放音操作的起始地址。A0~A7 全部为纯输入管脚,不会像操作模式中 A0~A7 还可能输出内部地址信息。输入的 A0~A7 的信息在 PLAYE,PLAYL 或 REC 的下降沿被电路锁存到内部使用。

① 地址模式：当 A7、A6 至少有一位为 0 时，器件进入地址模式。在地址模式中，A0～A7 由低位向高位排列，每个地址代表 125 ms 的寻址，160 个地址覆盖 20 s 的语音范围（160×0.125 s＝20 s），录音及放音功能均从设定的起始地址开始，录音结束由停止键操作决定，芯片内部自动在该段的结束位置插入结束标志（EOM）；而放音时芯片遇到 EOM 标志即自动停止放音。

② 操作模式：当 A7、A6 全部为 1 时，器件进入操作模式。ISD 1420 内部具备多种操作模式，并能以最少的元件实现较多的功能，下面将详细描述。操作模式的选择使用地址管脚来实现，但实际的地址在 ISD 1420 的有效地址外部。当地址的最高两位 A7、A6 为高电平时，其余的地址位将成为状态标志位而不再是地址位。因此，操作模式和地址模式不能兼容，也就是说不能同时使用。

在使用操作模式时必须注意两点。第一，所有的操作开始于地址 0，也就是 ISD 1420 的起始地址。以后的操作根据操作模式的不同可以从其他地址开始。另外，在操作模式中当 A4＝1 时，从录音变换到放音而不是从放音到录音，器件地址指针复位到 0。第二，操作模式的执行必须是 A7、A6 为高电平在 PLAYE,PLAYL 或 REC 变为低电平时开始执行。当前的操作模式将一直有效，直到下一次的控制信号变低，并取样地址线上的信息开始新的操作。

③ 操作模式描述：可以使用微处理器其来控制操作模式，也可以使用直接连线来实现需要的功能。此时各地址管脚功能如下：

A0——信息检索。信息检索允许用户在存储内容之间跳转浏览，而不必关心每个信息的实际物理位置。每个控制信号的低电平脉冲将内部地址指针转移到下一个信息位置。这种模式只能在放音中使用，通常与 A4 操作同时应用。

A1——删除 EOM 结尾标志。A1 操作模式允许多次记录的信息组合成一个信息，结束标志只出现在最后录制信息的结尾。当配置成这种模式后，多次录制的信息在放音时会形成连续的信息。

A2——没有使用。

A3——循环播放。A3 操作模式能够实现自动连续的信息播放，播放的信息处于地址空间的开始。如果一个信息充满了 ISD 1420，则用循环模式可以从头到尾连续播放。PLAYE 脉冲可以启动播放，PLAYL 脉冲可以结束播放。

A4——连续寻址。在通常操作中，当放音操作遇到结尾标志（EOM）时，地址指针将复原到 0。A4 操作模式将禁止地址指针的复位，允许信息连续录制和播放。当电路处于静止状态，不是处于录音或放音状态时，即可设置该脚为低电平，将复位地址指针。

A5——没有使用。

【实验设备和器件】

(1) PC 一台，操作系统为 Windows XP，内存 256 MB 以上，硬盘 10 GB 以上。

(2) Keil μVision2 集成开发环境的安装软件，并将该软件安装到 PC 上正常工作。

(3) 单片机应用系统开发板一个，开发板上配有进行单片机实验所必要的各种硬件资源，同时需要与 PC 相连的串口线和 USB 连接线各一条。

【实验内容】

1. 语音录放系统的设计

如图 19.3 所示,是一个基于 ISD 1420 芯片的语音录放系统。从图中可以看到,该系统由两个独立部分组成:一部分是由单片机和上面的 74LS373、74LS245 以及 ISD 1420 构成的自动录放音电路;另一部分是由排阻和下面的 74LS245 以及 ISD 1420 构成的人工手动录放音电路。请设计 C51 程序实现以下要求:

(1) 录音及放音功能均从设定的起始地址开始,录音结束时 ISD 1420 芯片内部自动在该段的结束位置插入结束标志 EOM;而放音时芯片遇到 EOM 标志即自动停止放音;

(2) 每次放音或录音的时间保持 20 s。

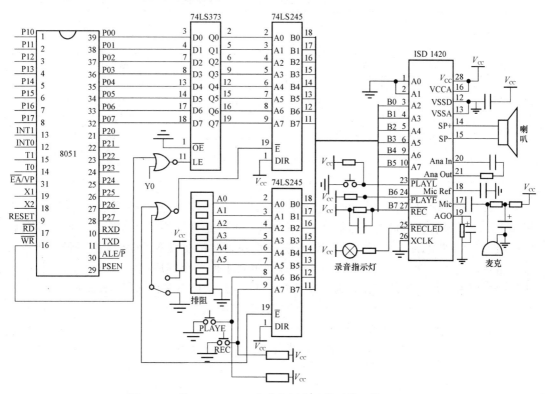

图 19.3 基于 ISD 1420 芯片的语音录放系统硬件原理图

实验提示

从图 19.3 中可以看到,自动录放音电路和人工手动录放音电路,这两部分都可以独立完成语音的录放工作。图中,通过排阻旁边的拨动开关可以选择录放音是使用单片机自动方式还是人工手动方式。通常,录音部分可以人工手动完成,而放音可以由单片机自动完成,当然录放音都可以由单片机自动完成或人工手动完成,具体由实际要求来决定。

在 ISD 1420 语音芯片的具体录放音过程中,主要有 3 个管脚起到关键作用,分别是录音管脚/REC、一次按下放音管脚/PLAYE 以及连续按下放音管脚/PLAYL。不论录放音是单片机自动方式还是人工手动方式,其实质就是要使这 3 个管脚在录、放音时分别达到低电平有效。只不过在单片机自动方式时,是通过单片机把设置好的数据由 74LS373 和 74LS245 芯片传递过去的,而手动方式是通过按下按钮来实现这 3 个管脚变成有效低电平的。

另外,还要注意语音信息在 ISD 1420 中的存放地址。从图中可以看到 A0~A7 地址输入有双重功能,根据地址中的 A6,A7 的电平状态决定功能。如果 A6,A7 有一个是低电平,A0~A7 输入全解释为地址位,作为起始地址用。根据 $\overline{PLAYL}$、$\overline{PLAYE}$ 或 $\overline{REC}$ 的下降沿信号,地址输入被锁定。A0~A7 由低位向高位排列,每位地址代表 125 ms 的寻址,160 个地址覆盖 20 s 的语音范围(160×0.125 s=20 s)。地址模式各管脚的具体含义如表 19-2 所示。

表 19-2 地址模式下各管脚含义表

DIP 开关	地址状态								功能说明(ON=0,OFF=1)
	1	2	3	4	5	6	7	8	
地址位	A0	A1	A2	A3	A4	A5	A6	A7	1 高电平,0 低电平,* 任意
地址模式	0	0	0	0	0	0	0	0	每段最长 20 s 录放音,从首地址开始,每个地址录放音 125 ms
	1	0	0	0	0	0	0	0	
	0	0	0	0	0	0	1	0	从 A6 地址开始的录放音
	*	*	*	*	*	*	0	*	A6 或 A7 为 0,是地址模式
	*	*	*	*	*	*	*	0	

在软件程序的设计过程中,包括录音和放音 2 个程序模块,这两个模块相互独立,互不影响。不论是录音程序模块还是放音程序模块,关键就是分别将录音控制码或放音控制码发送给 ISD 1420 芯片。只不过录音控制码,每次录音时都要发送,而放音控制码只要在放音开始时发送一次即可完成全部 20 s 的放音。通过上面两个程序模块的有机结合,从而完成单片机语音录放系统的工作。为了便于初学者学习,给出参考代码,具体如下:

```
//-------------------- T191.c 和 T192.c 程序 --------------------
//文件名称:T191.c 和 T192.c
//程序功能:单片机控制 ISD1420 芯片的录音和放音程序。
//编制时间:2010 年 2 月
//--------------------------------------------------------------
```

1. 录音程序 T191.c:

```c
#include <reg51.h>
#include <absacc.h>
#include <intrins.h>

unsigned char code tab[] = {0x40,0x42,0x44,0x46,0x48,0x4A,0x4C,0x4E,0x50,
                            0x52,0x54,0x56,0x58,0x5A,0x5C,0x5E,0x60,
                            0x62,0x64,0x66};
//录音控制码
void delaymsd(unsigned char ms)              //延时子程序,系统时钟频率 6 MHz
```

```c
{
    unsigned char i;
    while(ms--)
    {
        for(i = 220;i>0;i--);
    }
}
void delayus(unsigned char us)              //微秒级延时子程序,系统时钟频率 6 MHz
{
    unsigned char j;
    for(j = us;j>0;j--);
}

void main( )                                 //主程序
{
    unsigned char k;
    unsigned char a7 = 0;
    for(k = 0;k<20;k++)                      //循环发送录音控制码,启动录音程序
    {
        DBYTE[0x40] = tab[a7];
        _nop_ (); _nop_ ();
        XBYTE[0x8000] = DBYTE[0x40];
        delaymsd(145);      //about 513.9 ms
        delaymsd(145);      //about 513.9 ms
        delayus(3);         //68us
        a7 = a7 + 1;
    }
    XBYTE[0x8000] = 0x0FF;                   //录音结束
    while(1);                                //程序停止
}
```

2. 放音程序 T192.c:

```c
#include <reg51.h>
#include <absacc.h>
#include <intrins.h>
unsigned char code tab[] = {0xC0,0xC2,0xC4,0xC6,0xC8,0xCA,0xCC,0xCE,
                            0xD0,0xD2,0xD4,0xD6,0xD8,0xDA,0xDC,0xDE,0xE0,
                            0xE2,0xE4,0xE6};
//放音控制码
```

```c
void delaymsd1(unsigned char ms)        //延时子程序,系统时钟频率6 MHz
{
    unsigned char k;
    while(ms--)
    {
        for(k=200;k>0;k--);
    }
}

void delaymsd(unsigned char ms)         //延时子程序,系统时钟频率6 MHz
{
    unsigned char i;
    while(ms--)
    {
        for(i=220;i>0;i--);
    }
}

void delaymsdd(int ms)                  //延时子程序,系统时钟频率6 MHz
{   int j;
    while(ms--)
    {
        for(j=500;j>0;j--);
    }
}

void main()                             //主程序
{
    unsigned char b;
    unsigned char a7=0;
    DBYTE[0x40] = tab[a7];
    _nop_();
    _nop_();
    XBYTE[0x8000] = 0x0FF;
    delaymsd1(7);       //22.59 ms
    XBYTE[0x8000] = DBYTE[0x40];
    delaymsd1(7);       //22.59 ms
    b = DBYTE[0x40];
    b &= 0x0BF;
```

```
    XBYTE[0x8000] = b;             //只要启动一次放音,则会自动播放
    delaymsd(145);      //about 513.9 ms
    delaymsd(145);      //about 513.9 ms
    delaymsd(145);      //about 513.9 ms
    XBYTE[0x8000] = 0x0FF;
    delaymsdd(103);     //about 1.24 s
    while(1);
}
//------------------- T191.c 和 T192.c 程序结束 -------------------
```

2. 单片机会"唱歌"

如图 19.4 所示,设计一个单片机控制蜂鸣器播放音乐的应用系统。已知,单片机的 P2.2 管脚控制蜂鸣器,P0.7 和 P0.6 分别控制红、绿两盏小灯,P3.2 管脚连接按钮 S2。请设计 C51 程序,完成以下功能:

(1) 按钮 S2 按下后,开始播放歌曲"生日快乐",并且在播放过程中,绿色小灯保持点亮;当再次按下按钮 S2 后,歌曲停止播放,绿灯熄灭,红灯点亮;

(2) 请设计 C51 软件程序,并进行实际硬件的运行和调试。

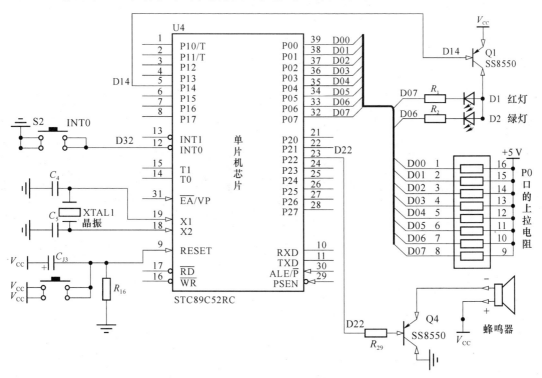

图 19.4 单片机控制蜂鸣器播放音乐的电路图

实验提示

此题的设计,关键是单片机如何根据不同音符的发音频率以及每个音符的节拍长短来控制蜂鸣器,使其模拟发出相应频率和时间长度的音符。在具体的设计过程中,需要了解

一些音乐的基础知识,理解相关的基本概念和各音符的标准发音频率等内容。

3. 选做题

(1) 如图19.4所示,设计一个音乐盒,里面共有16首歌曲,通过"4×4"矩阵键盘来进行控制,当按键值为1时,播放第一首歌曲;当按键值为2时,播放第二首歌曲……,以此类推,"4×4"矩阵键盘的电路图见实验十。请设计C51程序,并实现硬件运行与调试。

(2) 参考图19.3,设计一个"公交车站自动报名"系统,根据实际公交车的车站名称,使用单片机控制ISD 1420芯片进行实时播报,请设计硬件电路和C51软件程序。

【实验报告】

(1) 总结单片机控制ISD 1420和蜂鸣器来录放语音或者播放音乐的设计方法;
(2) 写出所做实验程序的源代码,给每行语句加上详细的注释,并画出程序流程图;
(3) 叙述程序调试过程中遇到的问题和解决方法,写出本次实验的收获和心得体会。

实验 20　DS18B20 数字温度计的设计实验

【实验目的】

(1) 了解单总线温度传感器 DS18B20 芯片的工作原理和使用方法；
(2) 掌握基于 DS18B20 的单片机数字温度计应用系统的软、硬件设计方法；
(3) 掌握复杂程序的设计和调试技巧。

【预习与思考】

(1) 预习本次实验原理以及理论教材中"数字温度传感器 DS18B20"的相关内容。
(2) DS18B20 芯片有何用途？
(3) 如何使用 DS18B20 与单片机构成温度检测系统？如何编程设计？

【实验原理】

1. DS18B20 芯片简介

随着数字电子技术的不断发展，传统工业中所使用的一些模拟信号设备正在不断升级与改造。例如，传统的温度检测系统多数采用热敏电阻作为传感器，这种方式需要设计专门的模拟接口电路，并且要将采集的温度模拟信号转换为数字信号，单片机才能处理。相对而言，成本较高、设计复杂、精度较低。目前，很多温度检测系统已采用单总线数字式温度传感器进行设计，由于采用了数字式设备，接口电路较简洁，而且可以直接得到温度的数字量给单片机进行处理。

单总线(1 WIRE BUS)数字式温度传感器是美国 DALLAS 公司推出的一种新式数字温度传感器。它只采用了 1 根总线，在单总线上既要进行时钟信号的传输同时又要进行数据信号的传输。这样单片机与温度传感器只用 1 根总线就可以进行通信，因此成本较低、设计简单。单总线适合于单主机系统，能够控制多个从机设备。在这里，主机选择 AT89C51 单片机，从机选择单总线温度传感器件 DS18B20，它们之间只通过 1 根总线进行连接，如图 20.1 所示。通常，主机和从机设备之间的通信分 3 个步骤来完成，分别是单总线器件的初始化、单总线器件的识别以及数据交换。下面将简要介绍单总线数字温度传感器 DS18B20 芯片。

图 20.1　单片机与 DS18B20 连接硬件原理图

DS18B20 是 DALLAS 公司生产的一线式数字温度传感器，体积较小、结构简单、低功耗、抗干扰能力强。可以直接将温度检测过程中，从工业现场采集的温度参数转换成 9 位串行数字信号给单片机进行处理。DS18B20 器件只有 3 个管脚，外观类似 3 极管，具体管脚如图 20.2 所示，其中 DQ 管脚连接单片机的 1 个 I/O 管脚，形成单总线结构，单片机与 DS18B20 完全通过单总线进行通信。其性能如下：温度测量范围是 $-55\sim+125℃$；可编程 $9\sim12$ 位的 A/D 转换精度，测量温度的分辨率可以达到 $0.0625℃$；把温度转换为单片机处理的数字量的典型时间是 200 ms，最大需要 750 ms；具有良好的温度报警功能。

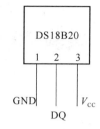

图 20.2　DS18B20 管脚图

2. DS18B20 芯片的使用方法

通常使用单总线数字式温度传感器 DS18B20 进行温度采集，主要分为以下几个步骤：初始化 DS18B20—跳过读序列号—启动温度转换—处理转换后的数据。每个阶段如何完成，描述如下：

（1）初始化：单总线上所有的处理命令均要从初始化开始。初始化主要包括主机发出一复位脉冲，此时如果 DS18B20 存在则发出 1 个从器件存在的响应脉冲。响应脉冲使单片机知道 DS18B20 在总线上已经准备好了，可以进行下面的工作。

（2）跳过读序列号：命令字是 CCH。为了避免单总线上有多个温度传感器读温度数据而产生冲突，通常需要读出每个传感器的序列号，它唯一标识了 1 个温度传感器。如果总线上只有 1 个温度传感器设备，那么通常就可以跳过读序列号，只要单片机给 DS18B20 发出命令 CCH 即可完成。

（3）温度转换：命令字是 44H。该命令启动一次温度转换，把采集的模拟温度转换为数字量。当温度转换完毕后，总线上出现高电平，否则是低电平。

（4）数据处理：当上面的温度转换命令发出后，经转换会得到 2 个字节的温度数据，该数据就是转换后的温度，可由单片机读走进行相应的处理。具体温度换算方法举例如下：当 DS18B20 采集到的实际温度为 $+125℃$ 时，其对应的数字量为 07D0H，每个数字量对应的最小温度单位为 $0.0625℃$，则实际温度 $=07D0H\times0.0625=2000\times0.0625=125℃$。

以上 4 个步骤的完成都需要按照一定的时序条件来完成，每个步骤的时序图如图 20.3 所示。

【实验设备和器件】

（1）PC 一台，操作系统为 Windows XP，内存 256 MB 以上，硬盘 10 GB 以上。

（2）Keil μVision2 集成开发环境的安装软件，并将该软件安装到 PC 上正常工作。

（3）单片机应用系统开发板一个，开发板上配有进行单片机实验所必要的各种硬件资源，同时需要与 PC 相连的串口线和 USB 连接线各一条。

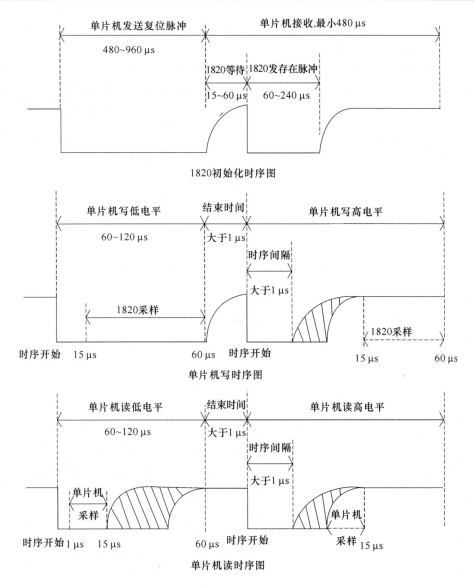

图 20.3 DS18B20 完成数据采集的时序图

【实验内容】

1. DS18B20 温度监测报警系统的设计

如图 20.4 所示,设计一个基于 DS18B20 的数字温度采集系统。已知,单片机的 P1.7 管脚控制数字温度传感器 DS18B20 的输入/输出管脚 DQ,P2.7 和 P2.6 管脚控制数码管的位选端和显示段码端,请设计 C51 程序,完成以下功能:

(1) 通过温度传感器 DS18B20 将温度采集后传给单片机,单片机经过相应的处理,会在数码管上将实时温度显示出来,采集的温度精确显示到 0.5℃;

(2) 在完成上面的要求后,在电路中增加 1 个蜂鸣器。若采集的温度超过 39℃或者低于5℃,蜂鸣器发出"嘀嘀嘀嘀……"的报警音,请进行实际硬件的调试和运行。

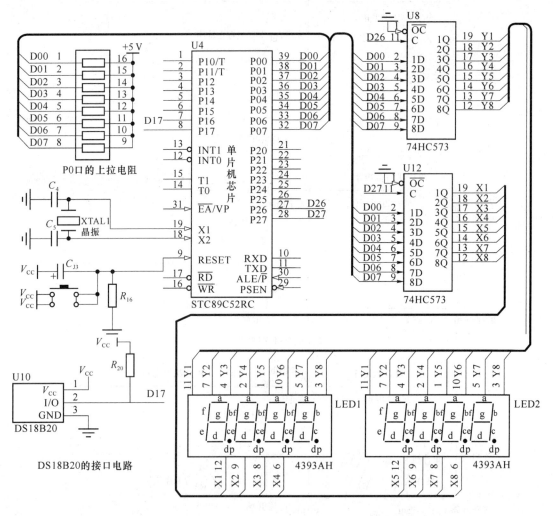

图20.4　基于DS18B20芯片的温度监测报警系统电路图

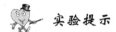　实验提示

此题的设计,关键在于对单总线数字温度传感器DS18B20芯片使用步骤的理解,只要按照时序要求和DS18B20的正确操作步骤,一步一步地进行程序设置,DS18B20就会工作于正常状态,采集到实时的温度。另外,在使用DS18B20时,一定要注意管脚不要接反,否则可能会烫伤。为了便于初学者学习,给出参考代码,具体如下:

//------------------------------T201.c程序------------------------

//文件名称:T201.c

//程序功能:单片机控制DS18B20芯片,监测并显示温度的程序。

//编制时间:2010年2月

//---

```c
#include <AT89x52.h>
#define  uint  unsigned int
#define  uchar unsigned char
sbit WEI = P2^7;          //数码管的位选控制端
sbit DUAN = P2^6;         //数码管的段选控制端
sbit PIN_1820 = P1^7;     //DS18B20温度接口控制管脚
uchar Temp[ ] = {0x3f,0x06,0x5b,0x4f,0x66,0x6d,0x7d,0x07,0x7f,0x6f,0x39,0x40};
//共阴显示字库0~9,C,-
uchar Temp1[ ] = {0xbf,0x86,0xdb,0xcf,0xe6,0xed,0xfd,0x87,0xff,0xef};
//共阴带小数点0.~9.

bit f;              //负温度标志
bit flag;           //DS18B20初始化成功标志
uchar tempint,tempdf;              //温度整数部分和小数部分

void wei_lock(uchar wei)           //数码管位控制
{    WEI = 1;
     P0 = wei;
     WEI = 0;
}


void duan_lock(uchar duan)         //数码管段控制
{
     uint i;
     DUAN = 1;
     P0 = Temp[duan];
     DUAN = 0;
     for(i = 500;i>0;i--);
}


void duan2_lock(uchar duan)        //数码管段控制
{
     uint i;
     DUAN = 1;
     P0 = Temp1[duan];
     DUAN = 0;
     for(i = 500;i>0;i--);
```

```c
    }

void set_ds1820( )                     //初始化 DS1820
{
    while(1)
    {
        uchar delay;
        flag = 0;
        PIN_1820 = 1;                  //总线高电平
        delay = 1;
        while( -- delay);              //稍微延时
        PIN_1820 = 0;                  //总线拉低
        delay = 250;
        while( -- delay);              //延时 500 us
        PIN_1820 = 1;                  //拉高总线
        delay = 30;
        while( -- delay);              //延时 60 us
        while(! PIN_1820)              //当 DS18B20 拉低总线
        {
            delay = 120;
            while( -- delay);          //延时 240 us
            if(PIN_1820)
            {
                flag = 1; //DS1820 初始化成功标志
                break;
            }
        }
        if(flag)                       //初始化成功后再延时 480us,时序要求
        {
            delay = 240;
            while( -- delay);
            break;
        }
    }
}

void write_ds1820(uchar command)       //写 8 位
```

```c
{
    uchar delay,i;
    for(i = 8;i>0;i--)              //循环8次写入
    {
        PIN_1820 = 0;                //拉低总线
        delay = 6;
        while(--delay);              //延时12 us
        PIN_1820 = command&0x01;     //将数据放在总线上,进行采样
        delay = 25;
        while(--delay);              //延时50 us,采样完毕
        command = command>>1;        //数据右移一位,准备下次数据
        PIN_1820 = 1;                //释放总线
    }
}
void read_ds1820()                   //读1820的数据
{
    uchar delay,i,j,k,temp,temph,templ;
    j = 2;                           //读2位字节数据
    do
    {
        for(i = 8;i>0;i--)           //一个字节分8位读取
        {
            temp>> = 1;              //读取1位右移1位
            PIN_1820 = 0;            //数据线置低电平
            delay = 1;
            while(--delay);          //延时2 us
            PIN_1820 = 1;            //拉高总线
            delay = 4;
            while(--delay);          //延时8 us
            if(PIN_1820)temp| = 0x80;//读取1位数据
            delay = 25;
            while(--delay);          //读取1位数据后延时50 us
        }
        if(j == 2)templ = temp;      //读取的第一字节存templ
        else temph = temp;           //读取的第二字节存temph
    }while(--j);
    f = 0;                           //初始温度标志为正
```

```c
        if((temph&0xf8)! = 0x00)          //若温度为负的处理,对二进制补码的处理
        {
            f = 1;                         //为负温度 f 置 1
            temph = ~temph;
            templ = ~templ;
            k = templ + 1;
            templ = k;
            if(k>255)
            {
                temph ++ ;
            }
        }
        tempdf = templ&0x0f;               //将读取的数据转换成温度值,
        templ>> = 4;                       //整数部分存 tempint,小数部分存 tempdf
        temph<< = 4;
        tempint = temph|templ;
}

void get_temperature( )                    //温度转换、获得温度子程序
{
    set_ds1820( );                         //初始化 DS18B20
    write_ds1820(0xcc);                    //发跳过 ROM 匹配命令
    write_ds1820(0x44);                    //发温度转换命令
    set_ds1820( );                         //初始化 DS18B20
    write_ds1820(0xcc);                    //发跳过 ROM 匹配命令
    write_ds1820(0xbe);                    //发出读温度命令
    read_ds1820( );                        //将读出的温度数据保存到 tempint 和
                                           //tempdf 处
}

void disp_temp( )                          //显示温度
{
    uchar tempinth,tempintl;
    tempinth = tempint/10;                 //整数高半字节
    tempintl = tempint % 10;               //整数低半字节
    if(! flag)wei_lock(0xff);              //如果不能检测出 DS18B20,则不显示
    else                                   //或者显示温度值
```

```c
    {
        if(f == 1)                          //如果为负温度,则显示负号
        {   wei_lock(0xf7);
            duan_lock(11);
        }
        else wei_lock(0xff);                //或者不显示负号
        wei_lock(0xef);
        duan_lock(tempinth);
        wei_lock(0xdf);
        duan2_lock(tempintl);
        wei_lock(0xbf);
        duan_lock(tempdf);
        wei_lock(0x7f);
        duan_lock(10);
        f = 0;                              //清负温度标志
    }
}

void main( )
{
    while(1)
    {
        get_temperature( );                 //获得温度
        if(tempdf>=8)tempdf = 5;            //0.5度精度显示
        else tempdf = 0;
        disp_temp( );                       //显示温度
    }
}
//---------------------- T201.c 程序结束 ----------------------
```

2. 基于DS18B20的数字温度采集系统

如图20.5所示,设计一个基于DS18B20的数字温度采集系统。已知,单片机的P3.2管脚控制数字温度传感器DS18B20的DQ管脚,P3.0和P3.1管脚连接74LS164芯片的输入管脚和时钟管脚,图中的时钟电路和复位电路省略,请设计C51程序,完成以下功能:

(1) 通过温度传感器DS18B20将温度采集后传给单片机,单片机经过相应的处理,会在数码管上将实时温度显示出来;

(2) 请在面包板上实现相应的硬件电路以及软件程序的调试和运行。

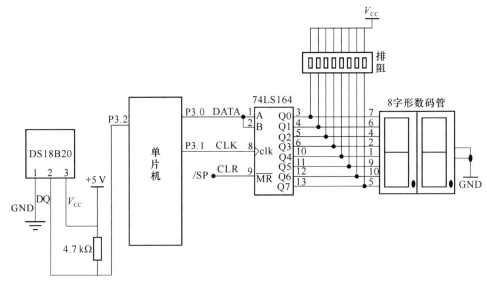

图 20.5 基于 DS18B20 的数字温度采集系统原理图

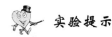 **实验提示**

此题的设计原理同实验内容 1,这里不再重复,希望大家能在面包板上进行实际的测试运行。为了便于初学者学习,给出参考代码,具体如下:

//------------------------ T202.c 程序 ------------------------
//文件名称:T202.c
//程序功能:单片机控制 DS18B20,实现数字温度采集系统。
//编制时间:2010 年 2 月
//--

```
#include <reg51.h>
#include <absacc.h>
#include <intrins.h>
unsigned char TEMPER_L = 0;
unsigned char TEMPER_H = 0;
unsigned char TEMPER_N = 0;
sbit DQ = P3^2;

unsigned char code tab[] = { 0x00,0x01,0x02,0x03,0x04,0x05,0x06,0x07,0x08,0x09,
                             0x10,0x11,0x12,0x13,0x14,0x15,0x16,0x17,0x18,0x19,
                             0x20,0x21,0x22,0x23,0x24,0x25,0x26,0x27,0x28,0x29,
                             0x30,0x31,0x32,0x33,0x34,0x35,0x36,0x37,0x38,0x39,
                             0x40,0x41,0x42,0x43,0x44,0x45,0x46,0x47,0x48,0x49,
```

```
                    0x50,0x51,0x52,0x53,0x54,0x55,0x56,0x57,0x58,0x59,
                    0x60,0x61,0x62,0x63,0x64,0x65,0x66,0x67,0x68,0x69,
                    0x70,0x71,0x72,0x73,0x74,0x75,0x76,0x77,0x78,0x79,
                    0x80,0x81,0x82,0x83,0x84,0x85,0x86,0x87,0x88,0x89,
                    0x90,0x91,0x92,0x93,0x94,0x95,0x96,0x97,0x98,0x99 };
                    //0~99摄氏度表以及0~9的数码显示段码

unsigned char code tab1[] = {0x0fc,0x60,0x0da,0x0f2,0x66,0x0b6,0x0be,0x0e0,
                             0x0fe,0x0f6,0x0ee,0x3e,0x9c,0x7a,0x9e,0x8e};
void delayms(unsigned char ms)
{
    unsigned char i;
    while(ms--)
    {
     for(i=60;i>0;i--);
    }
}

void delayus(unsigned char us)
{
   unsigned char j;
   for(j=us;j>0;j--);
}

void delaysus(unsigned char uw)
{
   unsigned char t;
   t=uw;
}

void delayssus(unsigned char ut)
{
   ut=ut+1;
}

void display(unsigned char k)    //温度在数码管上显示函数
{
```

```c
        unsigned char y = 0;
        y = k;
        k& = 0x0f;
        SBUF = tab1[k];
        //SBUF = 0x0fe;
        delayus(3);//68 us

        y>> = 4;
        y& = 0x0f;
        SBUF = tab1[y];
        //SBUF = 0x0be;
        delayus(3);//68us
}
Init_DS18B20(void)       //1820 的初始化函数
{    unsigned char FLAG;
    do{
        DQ = 1;
        _nop_ ();//2 us
        DQ = 0;
        delayus(15);//260 us
        DQ = 1;
        delayus(4);//84 us
        if(DQ = = 0)
        {
          FLAG = 1;
          delayus(12);//212 us
          }
        else
          {
          FLAG = 0;
          }
        DQ = 1;
        _nop_ ();//2 us
        _nop_ ();//2 us

        if(FLAG = = 1)
        {
```

```
            delayus(3);//68 us
        }
    }while(FLAG==0);

}

CovTemp(void)                    //温度数值的转换函数
{
    unsigned char c = 0;
    unsigned char d = 0;
    unsigned char b = 0;
    c = TEMPER_L;
    d = TEMPER_L;
    c& = 0x0f0;
    c>> = 4;
    TEMPER_N = c;

    if((d&0x08) == 0x08)
        {
            c = c + 1;
            TEMPER_N = c;
        }
    b = TEMPER_H;
    b& = 0x07;
    b<< = 4;
    b| = c;
    TEMPER_N = b;
    TEMPER_N = tab[b];
}

ReadOneChar(void)                //从1820读转换温度的函数
{ unsigned char a = 0;
  unsigned char i = 0;
  unsigned char dat1 = 0;
  for(a = 2;a>0;a--)
   {for(i = 8;i>0;i--)
    { DQ = 1;
```

```
        _nop_();//2 us
        _nop_();//2 us
      DQ = 0;
        _nop_();//2 us
        _nop_();//2 us
       nop_();//2 us
      dat1>>= 1;
       DQ = 1;
      delayssus(1);//10 us
       _nop_();//2 us
      if(DQ)
          {
            delayus(2);//52 us
            dat1|= 0x80;
          }
        }
      if(a == 2)
          {
            TEMPER_L = dat1;
          }
      if(a == 1)
          {
            TEMPER_H = dat1;
          }
        dat1 = 0x00;
      }
   }
  WriteOneChar(unsigned char dat) //向1820发送命令的写函数
  {
    unsigned char u = 0;
    for(u = 8;u>0;u--)
      {
        DQ = 0;
        delaysus(1);//14 us
        DQ = dat&0x01;
        delayus(2);//52 us
        DQ = 1;
        _nop_();
        dat>>= 1;
```

```
    }
    DQ = 1;
    _nop_ ();//2 us
    _nop_ ();//2 us
}

ReadTemperature(void) //获得1820传送的温度
{
    Init_DS18B20();
    WriteOneChar(0xcc);
    WriteOneChar(0x44);
    _nop_ ();
    delayms(68);//67 ms
    delayms(68);//67 ms
    delayms(1);//67 ms
    Init_DS18B20();
    WriteOneChar(0xcc);
    WriteOneChar(0xbe);
    ReadOneChar();
    CovTemp();
}
void main()
{ unsigned char v = 0;
  while(1)
  {
    ReadTemperature(); //获得1820采集的当前温度
    v = TEMPER_N;
    display(v);   //在数码管上显示温度的数值
  }
}
//---------------------T202.c 程序结束---------------------
```

【实验报告】

(1) 总结利用单片和 DS18B20 构成温度检测系统的软、硬件设计方法；
(2) 画出单片和 DS18B20 连接的电路图；
(3) 写出所做实验程序的源代码，给每行语句加上详细的注释，并画出程序流程图；
(4) 叙述程序调试过程中遇到的问题和解决方法，写出本次实验的收获和心得体会。

附录 1 STC 单片机简介

STC89 系列单片机是深圳宏晶科技公司,推出的新一代抗干扰/高速/低功耗的单片机,指令代码完全兼容传统 8051 单片机。最新的 D 版本 STC89 系列单片机,内部还集成了 MAX810 专用复位电路。该系列的单片机具有以下特点:

(1) 工作电压:5.5~3.4 V(5 V 单片机)或者 3.8~2.0 V(3 V 单片机);

(2) 工作频率范围:0~40 MHz,最高工作频率可达 48 MHz;

(3) 用户应用程序空间 4 K/8 K/13 K/16 K/20 K/32 K/64 K 字节,并且在片上集成了 1 280 字节或者 512 字节的 RAM;

(4) 通用 I/O 接口 32 个,D 版本是 36 个;

(5) ISP(在系统可编程)或者 IAP(在应用可编程),无须专用编程器或者仿真器,可通过串口(P3.0/P3.1)直接下载用户程序,8 K 程序 3 s 即可完成一片的下载;

(6) 共有 3 个 16 位定时/计数器,其中定时器 0 还可当成 2 个 8 位的定时器使用;

(7) 外部中断有 4 个;

(8) 通用异步串行口(UART)一个,但可以使用定时器软件实现多个 UART 的功能。

STC89 系列单片机的管脚,如图 1 所示;STC89 系列单片机的命名规则,如图 2 所示;STC89 系列单片机的型号选择,如表 1 所示。

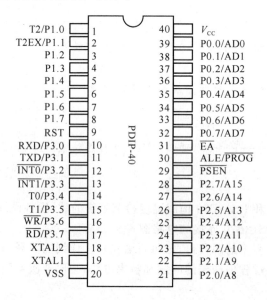

图 1 STC89 系列单片机的管脚图

附录 1　STC 单片机简介

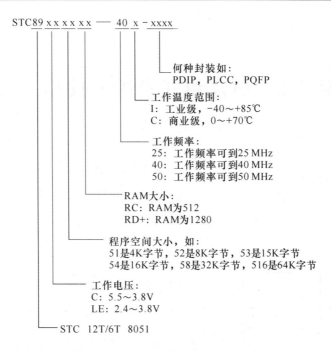

图 2　STC89 系列单片机的命名规则

表 1　STC89 系列单片机的型号选择表

型号		最高时钟频率 Hz		Flash 程序存储器字节	RAM 数据存储器字节	降低 EMI	看门狗	双倍速	P4口	ISP	IAP	EEP ROM 字节	数据指针	串口 UART	中断源	优先级	定时器	A/D
		5 V	3 V															
STC89C51	RC	0—80M		4 k	512	√	√	√	√	√	√	2 k+	2	1 ch	8	4	3	
STC89C52	RC	0—80M		8 k	512	√	√	√	√	√	√	2 k+	2	1 ch	8	4	3	
STC89C53	RC	0—80M		13 k	512	√	√	√	√	√	√		2	1 ch	8	4	3	
STC89C54	RD+	0—80M		16 k	1 280	√	√	√	√	√	√	16 k+	2	1 ch	8	4	3	
STC89C55	RD+	0—80M		20 k	1 280	√	√	√	√	√	√	16 k+	2	1 ch	8	4	3	
STC89C58	RD+	0—80M		32 k	1 280	√	√	√	√	√	√	16 k+	2	1 ch	8	4	3	
STC89C516	RD+	0—80M		63 k	1 280	√	√	√	√	√			2	1 ch	8	4	3	

附录2 单片机开发板的使用方法

在单片机的应用系统开发过程中,使用图3所示的"宿主机+目标机"方式,进行软、硬件的开发调试。通常,在 Keil μVision2 集成开发环境下开发软件,并生成可执行文件(.hex文件),然后再下载到单片机开发板上,进行实际硬件的运行调试。在实际的实验课上,使用的是如图4所示的单片机开发板。

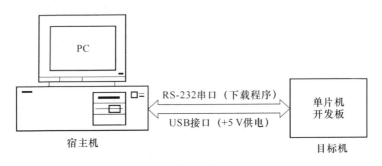

图3 单片机应用系统的开发模式

图4 单片机应用系统开发板的实物图

下面将简要介绍该单片机开发板的使用方法以及注意事项:
(1)单片机开发板的硬件准备:将单片机开发板的串口线与PC的串口1相连(若PC

的串口 1 被占用,也可以与串口 2 或其他串口相连),并将开发板的 USB 接口线与 PC 的 USB 接口连好,这里 USB 接口线给开发板提供电源;接下来检查单片机芯片的位置是否正确,应将芯片的缺口方向朝着"8 字形"的数码管,并将锁紧插座锁好,确保每个管脚都被锁紧;然后,检查晶体振荡器是否安装好,注意晶振插座有 3 个孔,这里只插两侧的两个孔即可,方向任意,晶振的大小通常为 11.0592 MHz。此时,不要把开发板的电源开关打开,如果电源开关的指示灯已经亮了,请立即关闭单片机开发板的电源。

(2) 设计应用程序并生成.hex 文件:阅读题目的要求,根据开发板上所提供的硬件资源,在 Keil μVision2 集成开发环境下,设计单片机应用程序并生成.hex 文件。这里的.hex 文件,实际是一种用 16 进制数来描述的程序可执行机器代码。

(3) 启动单片机开发板的应用程序:双击 PC 桌面上开发板的可执行程序图标 STC-ISP V391,会出现如图 5 所示的单片机开发板应用程序界面。

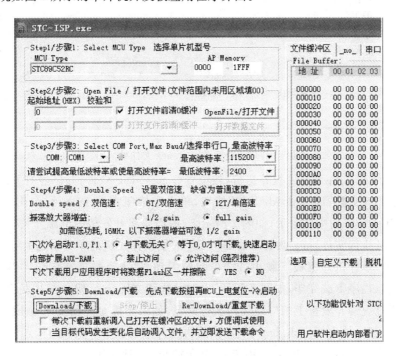

图 5 单片机开发板的应用程序界面

(4) 正确设置 STC-ISP 软件:在图 5 中,按照界面上的步骤 1～5 进行设置。首先,设置步骤 1 中的单片机类型,此开发板使用的是 STC 单片机,具体型号是 STC89C52RC,类似 AT89C52 单片机(在 Keil 软件中,可以选择 Atmel 公司的 89C52 型代替),有关 STC 单片机的具体介绍见附录 1。另外,"AP Memory"是指该单片机芯片的内存大小和起止地址,根据器件型号会自动更改,不需要大家填写。其次,在图 5 中的步骤 2 处,单击"OpenFile/打开文件"按钮,选择上面(2)中生成的.hex 文件,然后单击"打开"按钮,如图 6 所示。第三,在图 5 中的步骤 3 处,选择 COM1 即 PC 通过 COM1 与单片机开发板进行的连接,注意.hex 可执行文件实际就是通过 PC 的串口,下载到开发板上的单片机芯片内的,串口的通信速率通常最高为115 200,最低为2 400。第四,在步骤4中按照图5的默认设置即可,不需要重新更改默认设置。

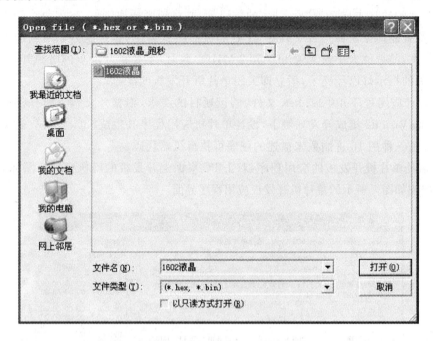

图6 打开已经编译好的.hex文件界面图

(5) 下载.hex文件到开发板并执行:在设置好STC-ISP软件,并已经打开.hex文件以后,可以单击图5中的"Download/下载"按钮,单击完按钮大约10 s后,会出现"仍在连接中,请给MCU上电"的中文提示,如图7所示,此时需要将开发板的电源开关打开。当电源开关打开后,可执行文件.hex就会自动的从PC下载到开发板的单片机芯片中。下载.hex文件的过程中,单片机开发板下载小灯会不断的闪动,代表有数据在传输。当下载小灯停止闪动时,代表程序下载完毕,如图8所示,这时可执行文件.hex就会在开发板上自动运行了。此时,注意观察开发板上相应硬件的执行情况,如果不满足题目要求,则返回到上面的第(2)步修改程序,并重新生成.hex文件,然后再往开发板重新下载、运行、调试。

至此,已将单片机开发板的使用方法简介完毕,在使用此开发板时,还有如下注意事项:

(1) 开发板的电源,在单击图5中的"Download/下载"按钮之前一直是关闭的,如果已打开,需要及时关闭,否则不能正确下载程序;

(2) 程序执行完,需要关闭电源,如果再次打开电源,至少需要间隔5 s;

(3) 在整个实验过程中,不要用手或者导体触摸任何芯片管脚以及开发板上的其他电路,否则会造成开发板或PC的损坏;

(4) 实验过程中,如果有硬件问题或者不明白的元器件,要及时请教指导教师。

附录2 单片机开发板的使用方法

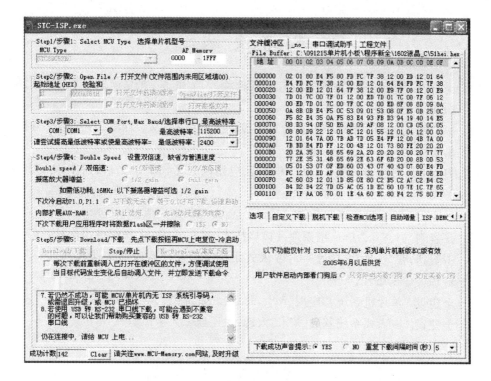

图7 准备打开单片机开发板电源时 STC-ISP 软件的界面图

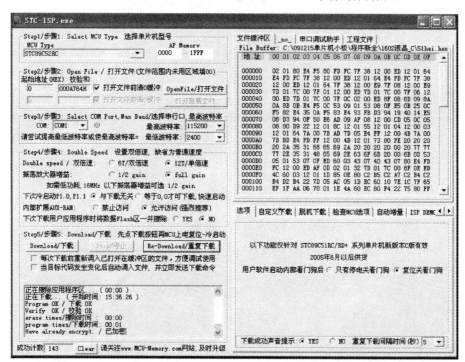

图8 PC 上的.hex 文件下载成功后的界面图

参考文献

[1] 周向宏. 51系列单片机应用与实践教程[M]. 北京:北京航空航天大学出版社,2008.

[2] 于殿泓,王新年. 单片机原理与程序设计实验教程[M]. 西安:西安电子科技大学出版社,2007.

[3] 马长林,陈怡,程利民. 单片机实践应用与技术[M]. 北京:清华大学出版社,2008.

[4] 周明德. 单片机原理与技术[M]. 北京:人民邮电出版社,2008.

[5] 张毅刚,彭喜元. 单片机原理及接口技术[M]. 北京:人民邮电出版社,2008.

[6] 王致达,张慧,凌涛,周金和. 嵌入式系统基础设计实验与实践教程[M]. 北京:清华大学出版社,2008.

[7] 金建设. 单片机系统及应用[M]. 北京:北京邮电大学出版社,2009.

[8] 金建设. 嵌入式系统基础[M]. 大连:大连理工大学出版社,2009.